绿色印刷

保护环境 爱护健康

亲爱的读者朋友：

本书已入选"北京市绿色印刷工程——优秀出版物绿色印刷示范项目"。它采用绿色印刷标准印制，在封底印有"绿色印刷产品"标志。

按照国家环境标准 (HJ2503−2011)《环境标志产品技术要求 印刷 第一部分：平版印刷》，本书选用环保型纸张、油墨、胶水等原辅材料，生产过程注重节能减排，印刷产品符合人体健康要求。

选择绿色印刷图书，畅享环保健康阅读！

北京市绿色印刷工程

我的
郊外观察日记

这本奇迹童书属于

朴在喆，1968年出生于全罗南道康津。毕业于弘益大学东洋画系，并获硕士学历，现执教于暻园大学。著作有《幸福的桃子》，并为《生长统一之芽的树林》配图。现住京畿道水源市。

本书所有动植物名由国家林业局规划设计院专家审定，特此感谢！

我的课外观察日记 **1**

我的郊外观察日记

[韩] 朴在喆/著绘

秦晓静 / 译

北京联合出版公司

大家好！我的名字叫小夏。植物、动物，凡是活着的东西，我统统感兴趣。在我看来，就连爬得慢慢腾腾的小幼虫也很可爱。所以，我决心找遍我家周围的生物，写一写观察日记。碰到不明白的，可以去问拾掇(duō)宅旁地的爸爸。尽管他偶尔也有失误，但是对昆虫和植物还是很了解的。

夏天

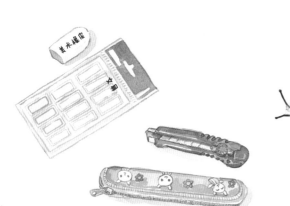

夏天

知了、知了、知了、知了……

有只蝉牢牢趴在了粗粗的樱花树上。

我蹑手蹑脚地走过去，一把抓了下来。哎呀，原来是个蝉蜕啊。

歌声嘹亮的家伙正坐在樱花树高处呢。

这会不会是它蜕下来的壳儿呢？

嗯，葛藤（gě téng）花好香啊。昆虫们很喜欢它。

螳螂正注视着采蜜的蜜蜂，草丛里的小虫子们唧唧喳喳。

夏天就是昆虫们的世界。

我要好好观察观察昆虫在草丛里做了些什么。

我家地里是花园

夏天到了，草长得真快呀！前几天明明才拔过，地里又变成了草坪。

其实，也不光是草，到处开满了鲜花。白色的花、黄色的花、紫色的花，颜色漂亮，样子也好看。小虫子们也来吃花蜜了。

这些野花没人照顾也开得这么茂盛，真是既神奇又了不起呀。

我把采来的野花插在花瓶里，花瓶也跟着一下子漂亮了起来。

爸爸汗流浃背地在地里拔草，我想把花送给他。

可是，小蝴蝶却先飞来闻香了。

停在齿缘苦荬(mǎi)菜花上的红珠灰蝶

齿裂黄鹌(ān)菜

覆(fù)盆子

大蓟(jì)菜

一年蓬

泥胡菜

白三叶

夏枯草

苦苣菜

粗毛牛膝菊

吃莴苣(wōjù)草排出大便

两只

黑点和黄点

第二天

茎和叶子上面有毛

小甲虫排出了液体

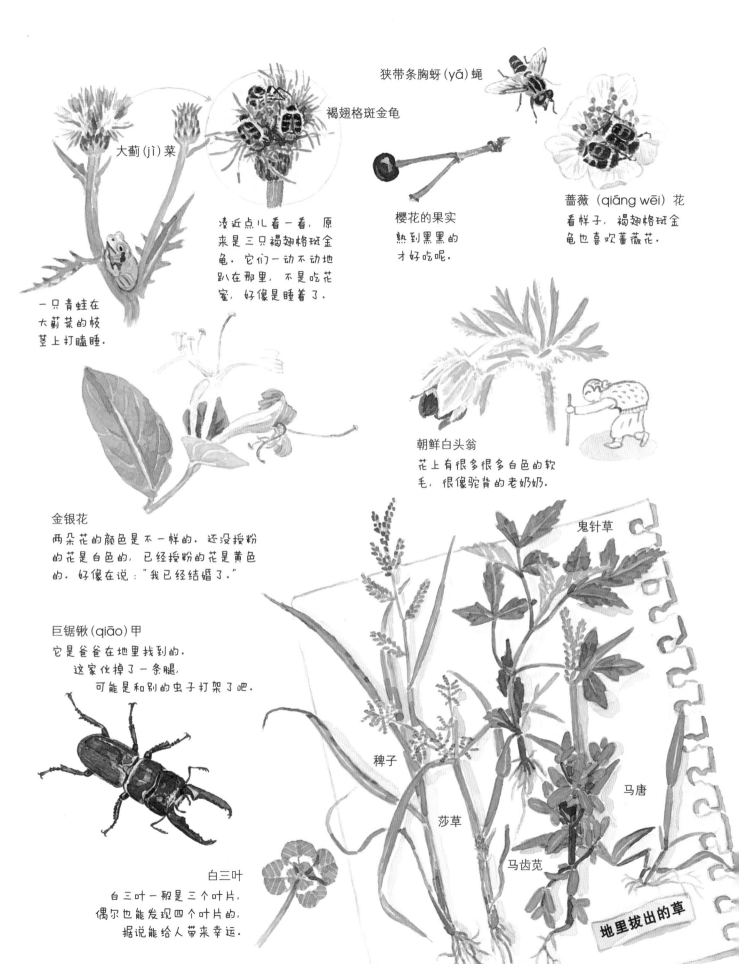

狭带条胸蚜(yá)蝇

褐翅格斑金龟

大蓟(jì)菜

凑近点儿看一看，原来是三只褐翅格斑金龟。它们一动不动地趴在那里，不是吃花蜜，好像是睡着了。

樱花的果实熟到黑黑的才好吃呢。

蔷薇（qiáng wēi）花
看样子，褐翅格斑金龟也喜欢蔷薇花。

一只青蛙在大蓟菜的枝茎上打瞌睡。

朝鲜白头翁
花上有很多很多白色的软毛，很像驼背的老奶奶。

金银花
两朵花的颜色是不一样的。还没授粉的花是白色的，已经授粉的花是黄色的。好像在说："我已经结婚了。"

巨锯锹(qiāo)甲
它是爸爸在地里找到的。
这家伙掉了一条腿，可能是和别的虫子打架了吧。

鬼针草

稗子

莎草

马唐

马齿苋

白三叶
白三叶一般是三个叶片，偶尔也能发现四个叶片的，据说能给人带来幸运。

地里拔出的草

9

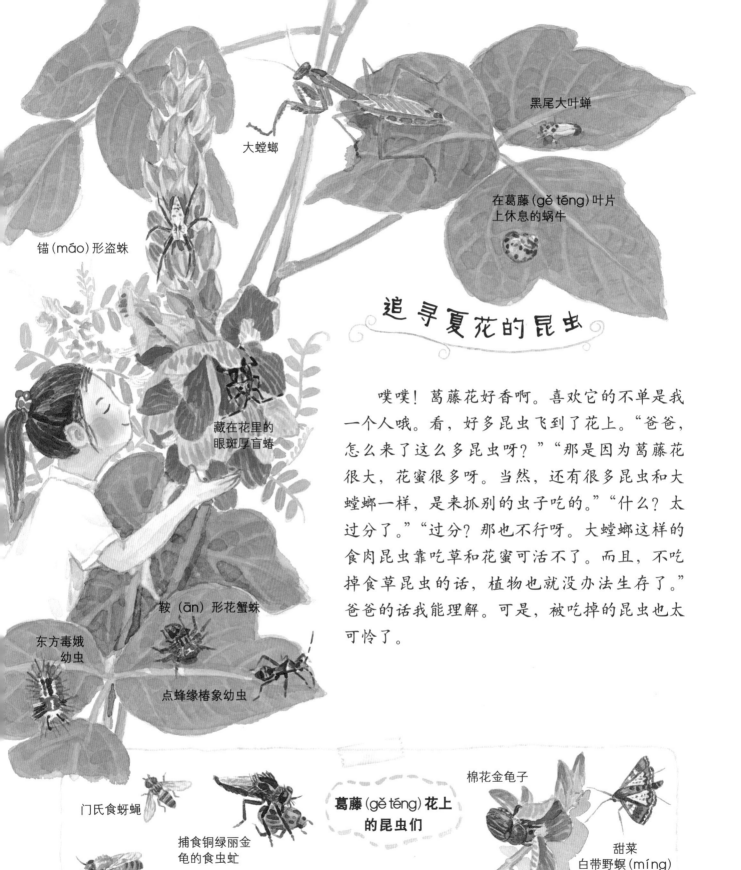

大螳螂

黑尾大叶蝉

在葛藤（gě téng）叶片
上休息的蜗牛

锚（máo）形盗蛛

藏在花里的
眼斑厚盲蝽

鞍（ān）形花蟹蛛

东方毒蛾
幼虫

点蜂缘椿象幼虫

追寻夏花的昆虫

噗噗！葛藤花好香啊。喜欢它的不单是我一个人哦。看，好多昆虫飞到了花上。"爸爸，怎么来了这么多昆虫呀？""那是因为葛藤花很大，花蜜很多呀。当然，还有很多昆虫和大螳螂一样，是来抓别的虫子吃的。""什么？太过分了。""过分？那也不行呀。大螳螂这样的食肉昆虫靠吃草和花蜜可活不了。而且，不吃掉食草昆虫的话，植物也就没办法生存了。"爸爸的话我能理解。可是，被吃掉的昆虫也太可怜了。

棉花金龟子

门氏食蚜蝇

**葛藤（gě téng）花上
的昆虫们**

捕食铜绿丽金
龟的食虫虻

甜菜
白带野螟（míng）

大切叶蜂

蜜蜂

大切叶蜂好像极其喜欢葛藤花，
没在别的花上看见过它。

棉花金龟子不喝花蜜，
它在啃叶子呢。

褐胸泥壶蜂

一边交配，
一边采蜜。

寄蝇
连苍蝇都喜欢鲜花吗？

红珠灰蝶

白斑赭（zhě）弄蝶
它用长长的嘴巴喝花蜜。

一年蓬
一年蓬的花没有什么香味，
也不知道昆虫们是怎么找来的。

碧凤蝶
凤蝶喜欢海州常山的花。

大鸟粪蛛
长得真是和鸟粪
一模一样呢。

野凤仙花

蜂鸟鹰飞蛾

黑角露虫幼虫

海州常山

蜂鸟鹰飞蛾可以一边飞一边
喝花蜜，就像蜂鸟那样。长
长的嘴巴能让它吃到花蕊深
处的蜜。

小黑角露虫找到海州常山的花了。

花粉都吃完后

摘出花蕊，用前腿举
一会儿就弄掉。

下巴能像手一样托
着花蕊吃。

再舔一舔花蕊折断
的地方冒出的汁液。

花蕊本来的颜色

黑角露虫吃过
的花蕊的颜色

靠近花朵后，
小小的嘴巴开始吃花粉。

紫色　　　→　　　暗淡的褐色

20分钟内，它吃掉
了4个花蕊。其中
一个被折断了。

舞毒蛾幼虫
躯干挂在半空中。我伸出手，
它又缩回身子，往上爬走了。

树丛里的小幼虫

爸爸已经在地里干了一个多小时的活儿了。

天气太热，我要到树丛边去乘凉，树荫底下特别凉快。　银杏大蚕蛾幼虫

哇！快看！我头一次见这么长的幼虫。　　　　　　　　我一靠近，

胖胖的身体牢牢抓着纤细的树枝。　　　　　　　　　　它就马上停止进食，

还有走起来大步流星的尺蠖。　　　　　　　　　　　　一动不动。

有的浑身长满了像针一样的毛，有的长得像鸟粪。

全都在忙着吃树叶呢。

仿佛能听得到它们"咔嚓咔嚓"啃叶子的声音。

榆凤蛾幼虫　　　　　　　　梨剑纹夜蛾幼虫
全身雪白。　　　　　　　　身体蜷成奇怪的形状。

桑毛虫幼虫
脑袋长得很威风。

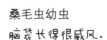

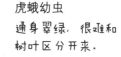
广腰亚目蜂幼虫
正翻越危险的山路。

松天蛾幼虫
我在松树林里发现了它，
拿小棍儿一捅，立刻开始
扭动。一般的幼虫被碰一
下都会装死，唯独它与众
不同。

筋纹灯蛾
针样的毛覆满全身。

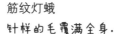

虎蛾幼虫
通身翠绿，很难和
树叶区分开来。

枯叶夜蛾幼虫
不知道什么缘故，它正
贴在田边的铁丝网上。
这种姿势比较少见。

白顶突峰尺蛾幼虫
也叫做尺蠖(huò)。

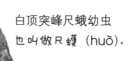

栎掌舟蛾幼虫

木樨尺蛾
翅膀撕裂了.

大透翅蝶
一种长得像蜜蜂的蛾子.

碎木纹尺蛾

黄星尺蛾
我在玩儿的地方
找到的死蛾子.

树丛里的飞蛾

模毒蛾
贴在樱
花树上.

我翻开叶片，想要观察幼虫，
却扑棱扑棱飞出一群蛾子。
它们主要是晚上活动，白天要在树叶上休息。
展开翅膀停在草叶和树叶上的蛾子，
瞬间飞得无影无踪。
要是小心翼翼靠近些的话，
还是能看清楚它们美丽的花纹的。
和蝴蝶相比，蛾子的外形毫不逊色。

垂带小尺蛾

韩国白带斑蛾

触角很像鸟的羽毛.
是种干净又漂亮
的蛾子.

优美苔蛾

白雪灯蛾

腹毛黑纹尺蛾

我观察完了就会放
它们回去的.

怎么用这么大的捕
虫网抓虫子呢!

爬山的叔叔

偶尔会遇到
数落人的叔叔.
他们因为热爱
和珍惜大自然
才会这么说,
我很理解.

把虫子们召集起来吧

有的虫子喜欢夜晚出来活动，白天很难见到它们。
爸爸说，在麻栎树上涂一层人工树液，晚上就能看到出来
吃食的虫子了，虫子们会把人工树液错当成是树胶。
接下来怎么样了呢？爸爸涂过树液的树上除了
一只蜘蛛之外，再没见到别的虫子。

怎么一只虫子也没有呀？

人工树液

不是有只蜘蛛嘛。

制作人工树液

把白糖、醋和酒放在锅里
熬到变成黏糊糊为止。
又酸又甜，再加上酒味……
真是呛鼻子。

我们又试了另外一种方法。把装着人工树
液的瓶子在地里埋上一天。这回能行吗？
是不是爸爸做的人工树液不起作用呢？
就再相信他一次吧。

虫子们闻着呛人的气味就找来了。

哇，这次成功了。
来了好多虫子。

扬科夫斯基甲虫

清津甲虫

短鞘(qiào)步甲（又
称屁步甲、放炮虫）

不知什么原因，
土鳖(biē)虫全都死了。

爬得太快的虫子，
被我放在胶卷瓶里观察。

土鳖虫

昆虫死后会怎样？

路边有只死甲虫。不知道是不是让人们给踩的，尸体全碎掉了。

有些很小的蚂蚁趴在死甲虫身体上。看样子是来吃它的。

接下来，死甲虫会变成什么样呢？

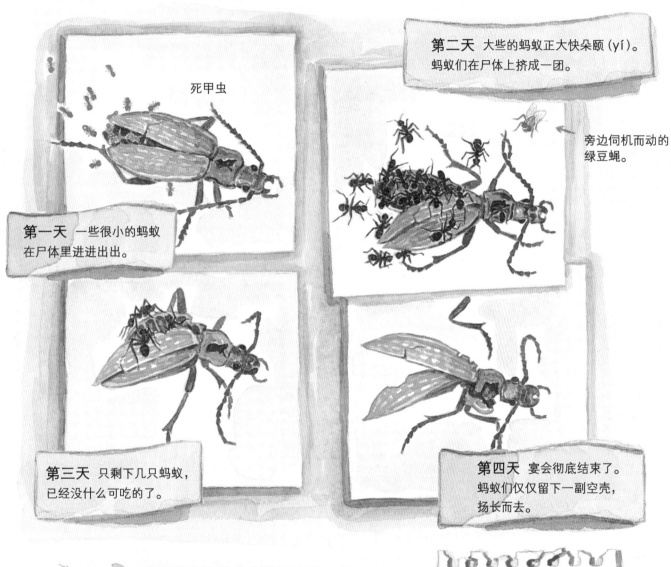

死甲虫

第一天 一些很小的蚂蚁在尸体里进进出出。

第二天 大些的蚂蚁正大快朵颐 (yí)。蚂蚁们在尸体上挤成一团。

旁边伺机而动的绿豆蝇。

第三天 只剩下几只蚂蚁，已经没什么可吃的了。

第四天 宴会彻底结束了。蚂蚁们仅仅留下一副空壳，扬长而去。

采蜜的蜜蜂半路掉进了水里。它的命运会怎样呢？

到处分散着的水黾(miǎn)虫
像是等了好久，
迅速向蜜蜂游去。
落水的蜜蜂变成了
水黾虫们的一顿美餐。

柿树

迎春花

酸苹果树

杏树

榉 (jǔ) 树

每片树叶都不一样

这边看看，那边瞧瞧，
到处都是树叶，茂密得看不到天。
摘下一片看看，每棵树的叶子
都是不一样的，就跟每个人的
面孔不同是一个道理。然而，
看到叶子，我们就能判断
出那是棵什么树来。

竹叶做成的小船

桃树

玉兰

柳树

朝鲜丁香

金达莱

牛奶子

菝葜(bá qiā)

藤树

毛赤杨

三桠(yā)乌药

榛(zhēn)树

"爸爸，为什么每根树枝上
都挂满了叶子呀？""树叶要吸收阳光，
为树木制造养分。所以，更多的树叶
能够制造出更多的养分来。"
"啊哈！叶子多的话，
就说明这是棵健康的树。"

洋槐

胡枝子

栗子树

山花椒

长手的藤蔓植物

种在田埂上的南瓜伸出了长长的茎。

你看！南瓜的卷须正牢牢抓着

铁丝网呢。南瓜茎上好像长了手一样。

有了卷须，只要有能附着的东西，

茎就可以伸展到任何地方。

南瓜的卷须
拉一拉就能变长！
跟弹簧一样.
卷须可以拉到这么长,
风吹多大都不会被扯掉.

南瓜是怎么利用
卷须的呢？

满心好奇的我,
决定观察一下南瓜.
先在卷须旁边
插上一根木棍儿.

⑤

多余的卷须像弹簧一样卷了起来。

①

卷须在风中飘舞着寻找到木棍儿。

②

哇！缠了一圈半了.

1个小时后，卷须已经缠上了木棍儿。

③

又缠了一圈.

3个小时后，缠得紧紧的。

④

卷须长了好多.

第二天上午，又跑去看了看。

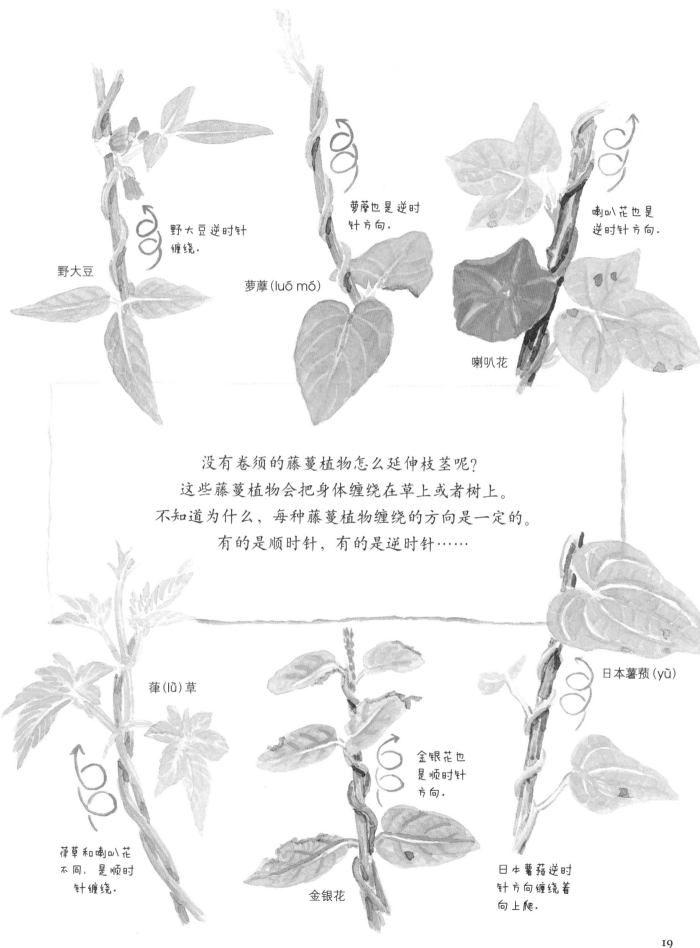

野大豆逆时针缠绕.

野大豆

萝藦也是逆时针方向.

萝藦(luó mó)

喇叭花也是逆时针方向.

喇叭花

没有卷须的藤蔓植物怎么延伸枝茎呢?

这些藤蔓植物会把身体缠绕在草上或者树上。

不知道为什么,每种藤蔓植物缠绕的方向是一定的。

有的是顺时针,有的是逆时针……

葎(lǜ)草

葎草和喇叭花不同,是顺时针缠绕.

金银花也是顺时针方向.

金银花

日本薯蓣(yù)

日本薯蓣逆时针方向缠绕着向上爬.

我家地里的昆虫

地里的玉米开花了。闻到花蜜味儿，蜜蜂们成群结队地飞来采蜜。嗡嗡嗡！蜜蜂振翅的声音都有些吵得慌了。哦！玉米花上怎么吊着一只蜜蜂呢？啊！原来有只浅绿色的蜘蛛抓住了它。我用手拉了拉蜜蜂，想知道蜘蛛会有什么反应。只见它牢牢咬住蜜蜂，丝毫不让步。我又用力拉了拉，借着蜘蛛网和我抗衡的蜘蛛最终放弃了快到口的猎物。我反而觉得很对不起可怜的蜘蛛，于是重新把蜜蜂递过去，蜘蛛敏捷地用前腿接住了。我家地里还有没有别的昆虫呢？

咬住蜜蜂脖子的花蟹蛛（xiè zhū）

嘿嘿,蜘蛛讨厌别人抢走它的猎物。可是,我的劲儿更大。

蜘蛛网

这个蛹（yǒng）里会出来什么东西呢？

在地里拔草时,发现了这个蛹。尾巴一个劲儿地动。

蛹摇晃着尾巴钻出一个小洞。是为了喘气吗？

我想知道蛹会变成什么东西,就把它带回了家。在瓶子里装上土,把蛹放进去。

蛾子

一天,两天,三天……九天后,蛹子里面飞出一只八字地老虎。

这只长得有点
儿丑的幼虫一
动不动。

夜蛾的幼虫

还没熟透的西红柿上
趴着一只小幼虫。

一只向日葵茎上的幼虫，把自己
伪装成树枝的样子。

马铃薯瓢虫
靠吃西红柿叶子生存。
正在交配。

螳螂把皮蜕在了
苏子叶上。头抬着，
就跟活螳螂似的。

尺蛾的幼虫

六斑绿虎天牛
好像翅膀受伤了，
飞不起来，只能爬行。

纹白蝶的幼虫
靠吃白菜或者萝卜叶
子生存。

夜蛾的幼虫
这个小家伙粘在书包
上，一直跟我回到家。

大便 →

莴苣冬夜蛾幼虫
正专心吃生菜呢。既吃生
菜叶子，又吃生菜花。还
边吃边大便呢。

纹白蝶
正在南瓜叶上
面交配。

地里的其他动物

琉球球壳蜗牛
清晨的露水消失前，
我在田里见到了蜗牛。
它正一步一步缓慢地往前爬呢。
我拿在手里看了看，
实在太可爱了。

黑斑侧褶（zhě）蛙
为了浇水，我在垄沟上
挖了个小水坑。这是生
活在小水坑里的青蛙。

山斑鸠
并不怎么怕人。它正在地里站
着，我从旁边经过。人家只是
瞟上一眼，并没有逃走。

种甜瓜

坚硬的甜瓜子儿

妈妈从市场上买了甜瓜回来。可是，瓜子儿特别硬，难以下咽。

爸爸说，这说明甜瓜成熟了，建议把籽儿种到地里。

真的会像爸爸说的那样长出甜瓜来吗？怎么长得这么慢？

从附近小商店要了一个泡沫箱子，把甜瓜子儿种在里面。

每天浇水。一周后，冒出了小小的子叶。

三天后，子叶向两边舒展开来。

时间又过去了一周。终于长出了第三片叶子。

又是一周。只长到这么大，真是一棵懒瓜苗。什么时候才开花呀？

暖和点儿的话，能长快些吗？我找来三块玻璃放在箱子上。

现在箱子变成了一个小小温室。

变暖和之后，生长速度快多了。

← 很疼。

我拾掇玻璃的时候被割伤了手。玻璃太危险，还是用塑料布盖上比较好。

虫子来了才能授粉。要是蜜蜂和蝴蝶
都不来我家的话，怎么办？
有了！我亲自来给甜瓜授粉。

甜瓜终于结满了果实。
可还没等果实成熟就都枯萎了。
因为成熟前，天气转凉了。
明年得早早播种才行。

终于开花了。

人工授粉的方法

只需要用毛笔或者
卫生纸把雄花花粉
抹到雌花上就行了。

雌花　　雄花

生蚜(yá)虫了。

**外出休假的时候，
可以这么浇水。**

用胶带固
定住。

水通过一根
细细的橡皮
管，滴进花
盆里。

橡皮管末端用
夹子夹住，调
节出水量。

※ 注意：水桶的位置要高于花盆。

23

下雨天

我跟爸爸去田里修垄沟，路上遇见了被雨淋湿了的凤蝶幼虫。

淋湿的幼虫紧紧趴在树枝上，不吃不动。

蝴蝶和蜻蜓也飞不了。

天上下着雨，行动都变得迟缓多了。

啊！还有虫子在草叶下避雨呢。

翅膀湿漉漉地被风吹向后边。

黄蜻

在雨中，被风吹得飘摇不定。就算我靠得很近，也没有飞走的意思。

凤蝶幼虫
牢牢抓着花椒枝。

蜈蛾幼虫

蜗牛

斑脊长蝽 (chūn)

瓢虫幼虫

葎草叶下藏着很多昆虫。
宽大的叶子正适合避雨。

正停在葎草叶子上
淋雨呢。

黄钩蛱 (jiá) 蝶

24

大紫蛱蝶幼虫
正紧贴在柳树叶上
淋雨。

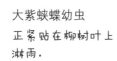

黑角绿露虫
在雨中慢慢移动,
好像要去什么地方。

水珠

鼠掌老鹳(guǎn)草

看看,
下雨的时候,
它收起花,连头也低下去了。
看来是害怕被雨点砸中。

西洋蒲(pú)公英
花紧紧缩了进去。

山莴苣(wō jù)
它也把花卷了起来。

蔄(wǎng)草

草叶上沾满了雨滴。
结成水珠的雨滴像珍珠一样。

花儿变得长长的。

鸭跖(zhí)草
被雨淋得太厉害了,
身子倒向了一边。

夜晚盛开的花

"爸爸！喇叭花怎么总是蔫 (niān) 着呀？它们什么时候开？"
"哈哈哈！花当然会开。我们睡着的时候花才会开放，
早晨就凋谢了。这种开花时间短暂的花不容易观察得到。"
　　我第一次听说还有像猫头鹰那样喜欢夜晚的花。
　　爸爸和我决定寻找晚上开放的花。哪些花喜欢夜晚呢？

喇叭花

紫茉莉
太阳落山的时候，
开始一朵、两朵地开放。

月见草
阴天的时候也会开。

喇叭花何时开，何时谢？

傍晚 6 点
我把喇叭花
插在了胶卷
盒里。

晚上 10 点 30 分
还没开。

好困啊。
我再也坚持不住了。

傍晚 6 点
花完全
谢了。

11 点 50 分
开始凋谢。

9 点 30 分
花终于全开了。

凌晨 1 点 40 分
开始开花了。

凌晨 4 点
30 分

凌晨 5 点 50 分
花瓣儿还皱皱巴巴的。

早晨 7 点 45 分

晚上睡觉的植物

"嗯？这是什么树？我从没见过这样的叶子。"
爸爸说，这是合欢树。晚上，它的叶子就会缩起来。
哇！真是太神奇了。植物也睡觉啊。

合欢树
就像两只手握在一起，叠得整整齐齐。
叶子紧紧缩了起来，看不到缝隙。

白天的时候，叶子会伸展开来。

白天是这个样子。

洋槐树
叶子向下耷 (dā) 拉着。

番泻树
像合欢树一样，叶
片对着合在一起。

白天的样子。

酢 (zuǒ) 浆草
叶子像雨伞一样向下收起。

白三叶
叶子向上举着睡觉。

谁剪断了 麻栎(lì) 树枝？

去地里的路上，我发现结满果实的
麻栎树被剪断了好多树枝。
"这是谁干的？橡子还没熟透呢？"
我以为是有人想摘橡子才弄断了树枝。
后来听说不是那样的。爸爸指着
树上说："原来是板栗剪枝象甲。"
小小的虫子正在努力地干着些什么。
这么小的虫子能剪断树枝？
它为什么偏偏要剪橡树呢？

我很好奇，
它是怎么在坚硬的
橡子上钻孔的？
于是开始观察板栗
剪枝象甲。

板栗剪枝象甲

板栗剪枝象甲找到橡
子后，开始前后左右
地检查。爸爸说，那
是在寻找产卵的最佳
位置。

终于开始用长嘴钻孔
了。它的嘴巴和鹬鸟
的很相似。哎呀，真
急人。已经过去了 40
分钟，什么时候才能
完成呀？

现在已经钻好了孔，
正在休息。

嗯？怎么没有产
卵就走掉了？

我在路上捡到
一个有小孔的
橡子。

切开后，看见
里面有一个小
虫卵。啊！原
来是在橡子里
面产卵啊。

入口处狭小，产卵的地
方宽阔。吃橡子长大的
幼虫要在地里面过冬。
所以，成虫才会把树枝
剪断，让它落在地上。

回到家里，
我读了《昆虫记》。
书里写到，板栗剪枝象甲
用长长的产卵管产卵。
那么，刚才我以为是
钻完孔休息的时候，
其实是在产卵啊。

产卵管

哇，法布尔先生也说
板栗剪枝象甲的嘴巴
像鹬鸟。
我也是这么想的！

这是谁的家？

麻栎树下掉了很多卷起来的叶子。

不一会儿，我就捡了满满一捧。真是卷得不错。

这是什么东西呢？小心翼翼地打开来一看，

里面有一颗虫卵。

啊！原来是养育幼虫的摇篮呀。

是什么虫子的虫卵呢？我决定养一段时间看看。

我捡了这么多。
麻栎树下面还有很多呢。

漂亮的摇篮。

打开摇篮，里面有一颗黄色的虫卵。

守护漂亮的摇篮

1. 在透明瓶子里铺上打湿的报纸或者棉花。
2. 把幼虫的摇篮放在报纸上面。
3. 用布或者窗纱盖上瓶子（因为盖上盖子它就没办法呼吸了）。
4. 瓶子里面保持湿润。

蛹里终于钻出一个长
相有趣的家伙。它叫
栎长颈象。长着和鹅
一样的长脖子。

栎长颈象

一周后，
出来一只黄色的蛹。偶
尔动一动。

蟆蛾幼虫

雌虫

雄虫

孵出一只长脖子
的虫子和一只脖子
稍短些的虫子。

还出来一只
这样的幼虫。

幼虫的摇篮发霉
后变成了褐色。

幼虫的大便

虫子尝过的东西味道好

　　我家地里不打农药，所以，虫子们可以放心大胆地来吃菜。我不喜欢吃虫子啃过的菜。到处是虫眼，一点儿也不好看。而且，说不定上面还粘着虫子呢。要是不小心吃到肚子里可怎么办呢。爸爸却说，虫子啃过的才好吃。好不好吃，虫子比我们先知道。所以，我狠狠心尝了尝，味道果然不错。爸爸和我用从地里摘的苏子叶、生菜、黄瓜和白菜做了顿美味的午餐。我觉得，煮熟的土豆和玉米比米饭还要好吃。最后，朋友们一起尝了我亲手种的西红柿。吃了好多，肚子鼓得都有点儿喘不过气来了。

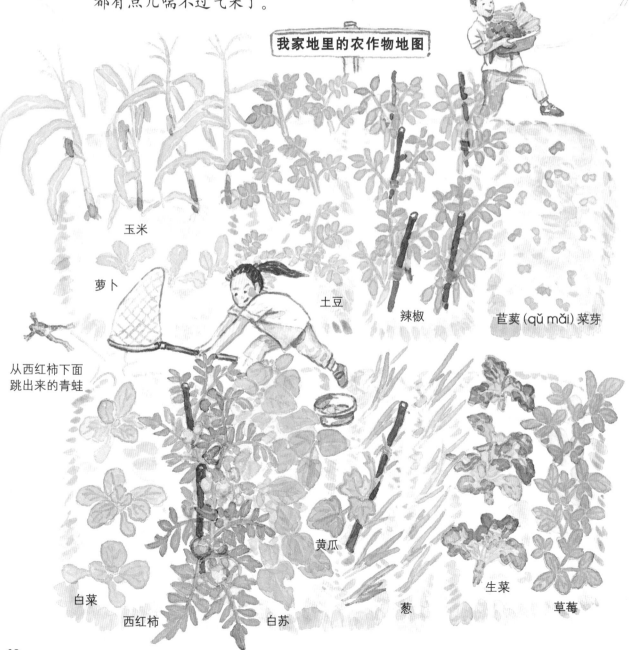

我家地里的农作物地图

玉米

萝卜

土豆

辣椒

苣荬 (qǔ mǎi) 菜芽

从西红柿下面
跳出来的青蛙

黄瓜

生菜

白菜

西红柿

白苏

葱

草莓

用我家地里的
农作物做的饭

妈妈忘记给我带筷子了。
没办法，爸爸只好折了段树枝
给我做了双筷子。

用树枝做的筷子
有些不方便，但是很好玩儿。

农田北边打
来的泉水

爸爸爱吃的青辣椒

妈妈做的豆子米饭

苏子叶

生菜

妈妈做的炒猪肉
用生菜包着吃，
特别美味。

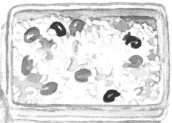

小西红柿

西红柿

蘸(zhǎn)酱

黄瓜

玉米

煮土豆皮都
裂开了

虫子啃过的白菜叶

萝卜泡菜

盐和白糖做成的蘸料
蘸着料吃土豆，味道特别好。

秋天

秋天是个姹（chà）紫嫣（yān）红的季节。山上更像是着了火。

橡树叶子有的被染成了红色，有的被染成了黄色。

一夏天吵吵嚷嚷唱个不停的昆虫都去哪里了？

哦，柿树下面有很多蛱蝶。我悄悄走近一看，

它正用长长的嘴巴吸柿子吃呢。

哎呀，好可怕，还有只好大的虫子呢。

花谢之后，虫子们开始到处寻找甜甜的果实。

我也要摘几个紫葛和菩提树果子尝尝，采些漂亮的红叶。

请勿捡橡子·
保护野生动物·

树上的果子是什么味道？

哎呀，真烦人。

松鸦们吵死了。它们都飞到豆梨树
这里来干什么？吃大餐吗？

啊！在摘豆梨果子吃呢。大山雀也忙着去小溪
边啄食蔷薇果实。到底是
什么味道？山上的鸟儿
为什么会那么喜欢吃呢？

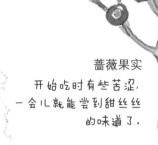

蔷薇果实
开始吃时有些苦涩，
一会儿就能尝到甜丝丝
的味道了。

山茱萸(zhū yú)果实
好像很好吃的样子，
其实非常涩。

牛奶子树果实
这是山上果子中我最喜欢
的一种。一大把果子
一下全放嘴里嚼一
嚼才好吃呢。

酸苹果树果实
和酸酸甜甜的苹果
一个味儿。

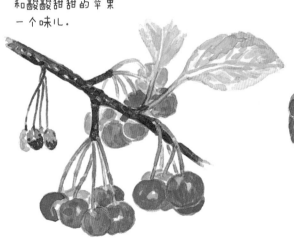

楔(xiē)叶豆梨树果实
小鸟很喜欢吃这种熟透后
变得黑黑、面面的果实。
软软和和的感觉不怎么样，
但吃起来甜甜的。

松鸦爱吃豆梨
的果实。

宜昌荚蒾(jiá mí)果实

水榆花楸(qiū)果实
秋天去山上，
能看见很多红透了的
果实.

麻栎(lì)
橡子

菝葜(bā qiā)果实
长得好看而已.
一点儿都不好吃.
连小鸟都不愿意尝.

榛子

栗子

槲(hú)树橡子

虫子咬
的洞.

栎橡子

蒙古栎(lì)橡子

很甜，很好吃，
你尝尝看.

脸超级长的
柿子树主人
叔叔

野葡萄

警告

黄钩蛱(jiá)蝶和蜜蜂都来
吃掉在地上的柿子.

有的果实是有毒
性的，吃了就会
肚子疼.

银杏

柿子

采集红叶

游乐场里的榉树叶子换上了新装。

原本绿色的叶片有的被染成了黄色，有的被染成了红色。

每当有风吹来，漂亮的榉树叶就会纷纷落下。

树木舍弃叶子，是为了做好过冬准备。

金达莱

朝鲜杜鹃

迎春花

榉树

枫树

木瓜

柿树

无穷花

朝鲜丁香

制作红叶标本

这片银杏叶是从妈妈
的书里面找到的。
听说，还是结婚前爸爸
送给妈妈的礼物呢。
这么说来，
已经过去 10 年了。
可是叶子一点儿都没变样。

银杏叶

想要做出这么漂亮的红叶标本，
需要等上一个月左右的时间。
叶片完全干燥后，漂亮的颜色
才能保持长久不变。

把红叶洗干净，擦干。

夹在旧书或者报纸里。
上面再压上书本或者
其他重的东西。

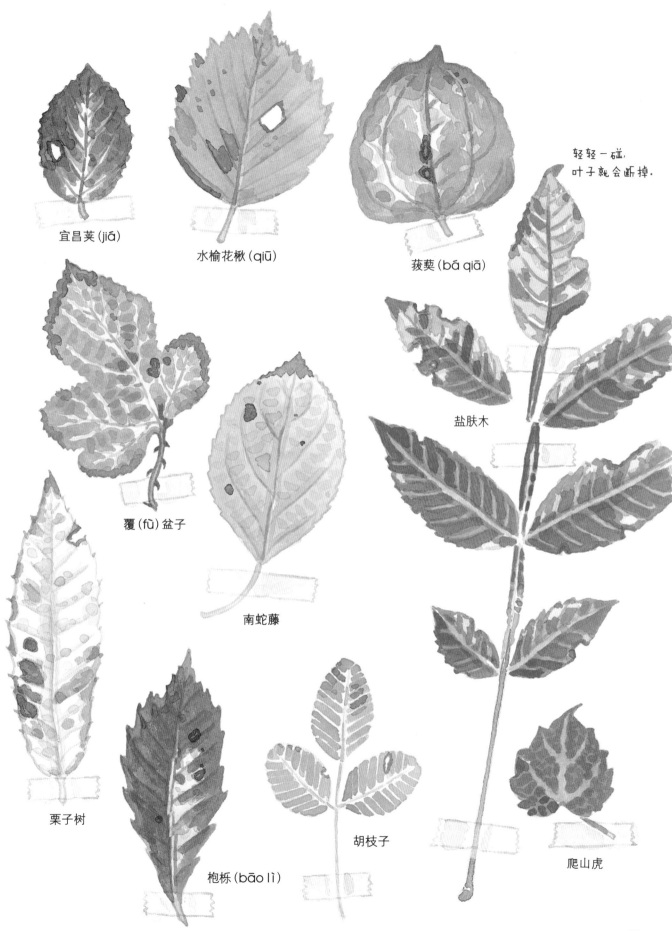

宜昌荚(jiá)

水榆花楸(qiū)

菝葜(bá qiā)

轻轻一碰,
叶子就会断掉.

覆(fù)盆子

盐肤木

南蛇藤

栗子树

枹栎(bāo lì)

胡枝子

爬山虎

草籽儿真聪明！

脏死我了。从草地上走过去，
衣服上就粘满了草籽儿，抖也抖不掉。
这些小家伙为什么缠着我呀？
"小草这么做，是为了传播种子。
这些种子不就是一路跟你走到这儿吗？
这片地里明年就会发新芽的。"
爸爸笑着说。啊哈！原来如此。
种子还真是聪明啊。那么，其他的小草
又是怎么传播种子的呢？

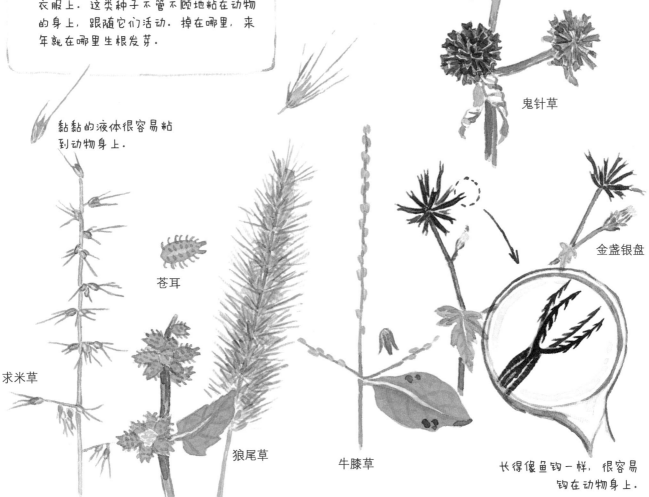

粘在动物身上传播的种子

草传播种子的方法之一就是粘在人们的
衣服上。这类种子不管不顾地粘在动物
的身上，跟随它们活动。掉在哪里，来
年就在哪里生根发芽。

黏黏的液体很容易粘
到动物身上。

苍耳

求米草

狼尾草

牛膝草

鬼针草

金盏银盘

长得像鱼钩一样，很容易
钩在动物身上。

小草传播种子的方式真是多种多样。有的植物豆荚或者果皮成熟后裂开，将种子远远弹出去。

嘭啪！
嘭啪！
嘭啪！

多花紫藤
豆荚裂开的声音特别大。我把种子带回家放在了塑料袋里。突然传来巨大的声响，我还以为是放鞭炮呢。

酢(cū)浆草
轻轻一碰就会嘭啪嘭啪地裂开，手被弹得麻麻的。

啪！

野红豆

鼠掌老鹳(guàn)草

东北堇(jǐn)菜

啊！弹到我脸上来了。

东北堇(jǐn)菜这样传播种子

果皮干瘪下去了。

像豆芽一样抬起低垂的头。

分成三片。

不是一次性弹出所有的种子，而是缩起果皮，一个一个地弹出去。

弹出所有的种子，需要一个小时左右。

完成使命后，果皮也会变干断裂。

被风吹走的种子

天上飘着一些白白的、小小的东西。会是什么呢?
我想伸手抓住,总是以失败告终。静静地等待它们降落,
定睛一看,是种子啊。这些就是借助风力传播的种子,
又细又软的毛能让它们飞得很高很高。

齿缘苦荬(mǎi)菜种子

果皮一点一点地打开,
分批地释放出种子。

萝藦(luó mó)种子

苦苣菜种子

种子都飞走后剩下
的空果皮。

西洋蒲公英种子

漂亮的种子是怎么长成的?

花朵凋谢了。

凋谢的花掉落后,
长出了像棉花一
样白白的东西。
会是什么呢?

这就是能使种子飞起来的翅
膀。切开一看,里面满满的
全是种子。

种子终于露
出来了。

完全展开时的
样子。马上就
要飞起来了。

一年蓬种子

山莴苣(wō jù)种子

这些也是借助风力传播的种子

松子

这里是翅膀。

日本薯蓣(yù)种子

鸡爪槭(qì)种子

飞不远就会掉落的种子

鸭跖(zhí)草
四个种子里面有三个
已经掉落了。

合荫
断成一节一节的，
释放出种子来。

小鸟传播的种子
小鸟或者其他动物将种子吃进肚子，由
于消化不掉，种子会随着粪便排出体外。
种子就会在那个地方生根发芽。

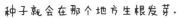

吃果子的斑鸠

南蛇藤
美味的种子吸引小鸟来吃。

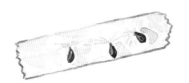

种子很容易飞走，为了看得清
楚，所以粘在透明胶带上。

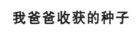

我爸爸收获的种子

南瓜子

白菜种子

玉米

黑豆

横带络新妇蜘蛛捕食蜻蜓记

那边的蜘蛛网摇晃了。啊！有只蜻蜓落在了蛛网上。

但是蜻蜓的力气也不小，蜘蛛不能轻易靠近。

犹豫不前的蜘蛛开始一步一步向蜻蜓靠近。

横带络新妇蜘蛛能成功吃到蜻蜓吗？

雄横带络新妇蜘蛛
这么小的雄蜘蛛，我还以为是只幼虫呢。搞不好会被雌蜘蛛吃掉，所以它在耐心等待交配时机的到来。

雌横带络新妇蜘蛛

横带络新妇蜘蛛捕获的昆虫

竖眉赤蜻

42

① 蜘蛛走向奋力挣扎着的蜻蜓，用前腿压住了它的翅膀。

② 从上面狠狠咬破蜻蜓的后脖颈。

③ 蜻蜓的行动变得迟缓，蜘蛛便吐出丝把它全身缠了起来。

④ 用嘴剪断蜻蜓周围的蜘蛛丝。

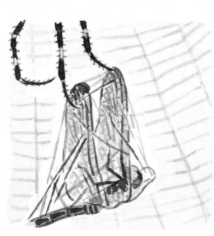

⑤ 蜘蛛用像钩子一样的腿拖走了蜻蜓。

⑥ 回到刚才的位置，开始享用猎物。

横纹金蛛如何捕食

和横带络新妇蜘蛛不同的是，横纹金蛛会吐出好几层丝，瞬间裹住猎物。速度太快，让人看不到它是怎么缠上蜘蛛丝的。

横纹金蛛

屁股上吐出好几层蜘蛛丝。蛛丝非常厚。

43

饲养鸣虫记

干完地里的活儿往家走的路上，太阳已经要落山了。吱吱，吱吱，吱吱，草地那边传出来一阵好听的声音。爸爸说是草虫的叫声。我特别想知道它们是些什么样的虫子。可天太黑了，分辨不清。于是，我捉上好几种草虫，放在瓶子里，带回家听它们怎么叫。

黑角露虫

我在瓶子上钻了几个小孔，好让空气流通。

黑胫钩顶虫

素色似织虫

褐背露螽(sī)

（黄脸）油葫芦

长瓣草虫

把这些虫子放在一起饲养的话，有的会被吃掉，也分不清谁能发出怎样的声音。因此，我把它们放在了不同的瓶子里。得喂它们点儿什么呢？

卷心菜

苹果

葡萄

泡发的凤尾鱼
这些是蟋蟀的食物。油葫芦喜欢吃苹果，也喜欢吃泡发了的凤尾鱼。

所有的草虫都喜欢吃，特别是葡萄。

黑胫钩顶虫喜欢吃草籽儿。
我见过它夜里嗑稗草的种子。
它还爱吃狐尾草的种子。
不怎么吃草叶。

它们能发出怎样的叫声？

褐背露螽 (sī)
发出"吱吱，吱吱"，
又短又尖的声音。

素色似织虫
"吱嗒，吱嗒"，和过去织
布的声音很相似，所以又
叫促织。

秋掩耳虫
翅膀上长着树叶那样的花
纹。吱吱吱地叫。

长瓣草虫
"嘶嘶"地低声鸣叫。
触角长达9厘米呢。

黄脸油葫芦
"啾，啾，啾，啾"，不分昼夜地叫，
数它最吵。

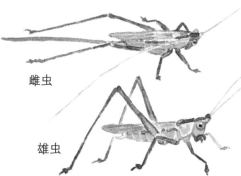

雌虫

雄虫

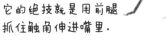

它的绝技就是用前腿
抓住触角伸进嘴里。

黑角露虫
"吱吱吱"地叫。

黑胫钩顶虫
"嘟嘟，嘟嘟"地叫。

长裂华绿虫
"嘟——"地低声叫。
它是我见过的素色似
织虫中体形最大的。

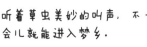

听着草虫美妙的叫声，不一
会儿就能进入梦乡。

怎么叫得这么好听?

我把一对儿油葫芦放进了空玻璃鱼缸里。雄虫一边发出美妙的叫声,一边紧紧跟着雌虫。

雄虫

雌虫

看来雌虫很欣赏雄虫的叫声。它们开始一起分享食物,一起到处活动。就像大哥哥大姐姐他们约会一样。明白了,刚才是雄虫呼唤雌虫的叫声啊。

两边的翅膀相互摩擦,发出声响。

交配终于开始了。雄虫要爬到雌虫上面进行交配。

地里有一对黑角露虫想要交配。后来又各自走开了。可能是怕我在一旁看吧。

雄虫

雌虫

玛安秃蝗

翅膀只有丁点儿大,飞不了,只能蹦跳着走。

雌长额负蝗总是背着雄虫行走。要是旁边有别的雄虫,这其中强壮的雄虫就会试图爬到雌虫背上。雌虫背着的雄虫就会全身哆嗦,使它们无法靠近。

雄虫

雌虫

黑角露虫

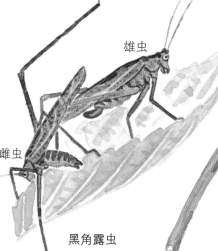

雌虫

雄虫

长额负蝗

快看,这只雄虫用手拉都拉不下来。

两只体形庞大的螳螂交配的情景。

枯叶大刀螳

它们在哪里产卵?

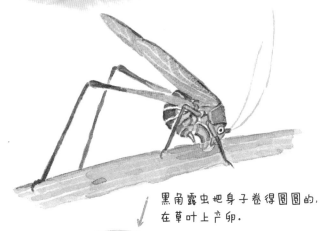

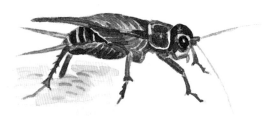

黄脸油葫芦找到湿润松软的土壤后，把产卵管插进去产卵。

黑角露虫把身子卷得圆圆的，在草叶上产卵。

在草叶上钻出小洞后，把卵产在里面。

产完卵的昆虫会随着天气的变冷死去。如果你仔细检查草丛的话，会找到很多死虫子。

黄脸油葫芦

黑角露虫
死在地里的
白菜叶上。

素色似织

黑胫钩顶虫

泥蜂

长瓣草虫

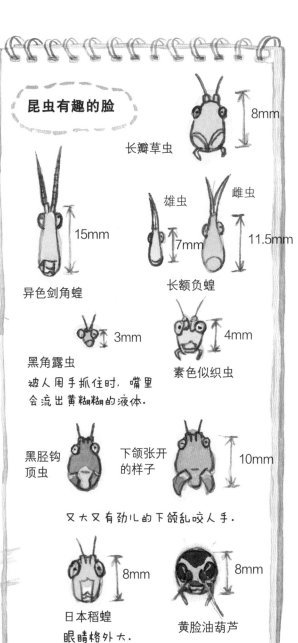

昆虫有趣的脸

长瓣草虫 — 8mm

异色剑角蝗 — 15mm

雄虫 7mm　雌虫 11.5mm
长额负蝗

黑角露虫 — 3mm
被人用手抓住时，嘴里
会流出黄糊糊的液体。

素色似织虫 — 4mm

黑胫钩顶虫　下颌张开的样子 — 10mm

又大又有劲儿的下颌乱咬人手。

日本稻蝗 — 8mm
眼睛格外大。

黄脸油葫芦 — 8mm

照顾凤蝶幼虫

啊！怎么只有一只了。
泉边的山花椒树上原本有三只凤蝶幼虫，
现在就剩下一只。
它们去哪儿了？还是被谁吃掉了？
不久前，我见椿象吃过凤蝶幼虫。
真担心这样下去会一只都保不住。
我决定带回家去，好好照顾它。

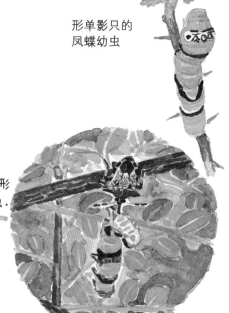

形单影只的
凤蝶幼虫

益椿能吃掉比自己体形
大好多的凤蝶幼虫。

捕食凤蝶幼虫的益椿（chūn）

大便
↑

稀便
↖

回到家来，幼虫拉了稀便。也许是路上
晕车太严重。有些像呕吐物。

嗯？身体好像小了些。
是缩起来了吗？

晚上吃了东西，又变长了。
现在多少安下心来了。

我折了一枝山花椒树枝，打算喂给幼虫吃。
可是，才过一个晚上就蔫掉了。于是，我把
一棵小山花椒树种在塑料袋里带了回来。

让人心惊胆战的
走钢丝表演。

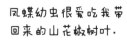

凤蝶幼虫很爱吃我带
回来的山花椒树叶。

48

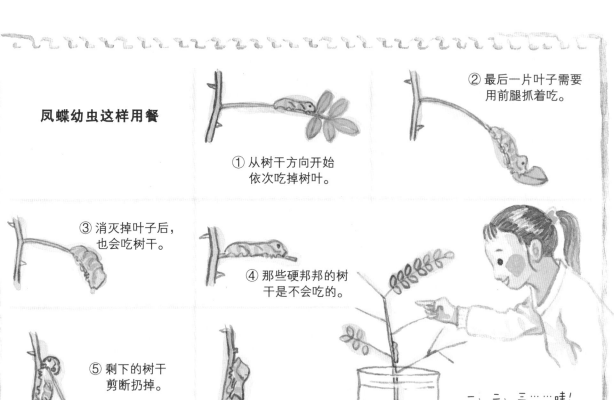

凤蝶幼虫这样用餐

① 从树干方向开始依次吃掉树叶。

② 最后一片叶子需要用前腿抓着吃。

③ 消灭掉叶子后，也会吃树干。

④ 那些硬邦邦的树干是不会吃的。

⑤ 剩下的树干剪断扔掉。

⑥ 休息时间到了。

一、二、三……哇！胃口真不小，吃光9根儿了。

幼虫一大早就开始忙着到处活动。第一次见它这么风风火火的，我只离开房间一会儿，它就不见了。能去哪儿呢？怎么都找不着，出什么事儿了？

最后在地板上找到了小幼虫。害怕它再次逃跑，干脆和山花椒树一起放在瓶子里。幼虫又转来转去忙活了一阵儿，就趴在树枝上面不动了。

凤蝶哪天才能出来呀？

第二天，幼虫的身子鼓了起来，蜷缩着趴在树枝上。仔细一看，树枝和幼虫之间用丝连着呢。

清晨起来，发现幼虫已经蜕掉外壳，变成了一只草绿色的蛹。

又过去了一天，一夜之间，蛹的颜色发生了变化。

冬天

好冷啊。我戴上了手套还是冻得冰凉。
山上的小鸟因为身上长满羽毛才不会觉得冷。
"哒哒哒"，大斑啄木鸟医生正忙着找树干里藏着的虫子。
别的鸟也在飞来飞去找食儿吃。
树上光秃秃的，没有了叶子，小鸟们被我尽收眼底。
对了，拿出我新买的望远镜来用用。
要是下雪的话，小鸟们到哪儿去找东西吃呀？
我得准备些吃的，不能让它们饿肚子。

冬天可以见到的鸟

每天早上我都会被
一阵"嘚，嘚，嘚吧"喧闹的鸟叫声吵醒。
那是一对栗耳短脚鹎(bēi)。我把窗户打开了一条缝，
想看看它们在干什么。原来是在我家门前的
酸苹果树上找吃的。严冬季节里，
酸苹果树依然挂满了果实。吃过早饭，
我和爸爸带着望远镜去了后山。
我特别想知道小鸟们如何过冬。

雄鸟

栗耳短脚鹎(bēi)

栗耳短脚鹎的叫声特别吵，它们每
天都在同一个时间飞到我家门前。
连表都用不着了。栗耳短脚鹎用嘴
啄着酸苹果吃，实际上，地上被它
们啄掉的果子更多。

雌鸟

北红尾鸲(qú)

一对北红尾鸲飞来吃被栗
耳短脚鹎啄掉的酸苹果。
但是，没吃多大会儿就被
斑鸫赶走了。

斑鸫(dōng)

斑鸫干脆肚子贴地，
坐着慢慢捡酸苹果来吃。

大山雀

大山雀和麻雀一样，是山上经常能见到的一种鸟。以树上的虫子和地里掉落的种子为食。

棕头鸦雀

棕头鸦雀喜欢几十只一起成群活动。而且，常常在灌木或小树枝叶间活动，不容易看得到。飞的高度很低，就跟贴地面飞行差不多。

松鸦

松鸦长得很漂亮，声音却能吵死人。爸爸说它们和喜鹊是堂兄弟。喜欢吃橡子。

牛头伯劳

体形不大，但是却以青蛙和其他小动物为食。尾巴转来转去的，样子很可爱。

大斑啄木鸟

"哒哒哒"，循着啄树的声音，很容易找到它。

黄喉鹀 (wú)

黄喉鹀爱吃草籽儿。经常在山路边上的草地里看到它们。头顶上翘起来的羽毛很漂亮。

像这样刨开树干，吃掉藏在里面的虫子。

环颈雉 (zhì)

环颈雉胆子非常小。自己藏得好好的，突然"咯咯"叫着，扑棱一下逃跑了。不知道它为什么叫得那么响，倒是把我吓了一跳。

灰头绿啄木鸟

我在山路上见过一只灰头绿啄木鸟。可能是我的突然出现吓到它了，转眼就扑棱扑棱飞走了。

给鸟喂食

大雪下了一整夜，都能没过脚踝了。
下雪天里，小鸟很难找到食物。
我和爸爸决定去给它们送些吃的。
食槽里放进大米、南瓜子和大豆这样
的东西后，架在了树杈上。
我还调查了一下哪些是小鸟们最爱吃的。

大米
南瓜子
黑豆
松子
苹果
葡萄干
面包

沼泽山雀最先出现，
它先是站在树枝上前
后观察了一下，马上
就飞到了食槽上。

食物名称	食槽里投入 的数量	第二天剩余 的数量
南瓜子	50 个	0 个
黑豆	20 个	18 个
大米	60 个	58 个
松子	10 个	0 个
猪肥肉	10 片	0 片
面包	10 片	0 片
葡萄干	30 个	29 个
苹果	9 个	9 个

数数看它们吃了多少。

叼起了一颗南瓜子。（我看
见有的沼泽山雀一次叼走两
颗。真是个贪心鬼。）

沼泽山雀

飞到附近的树枝上后，
四周看了看。脚趾抓着
南瓜子，开始一个劲儿
地吃起来。

杂色山雀这么吃松子

杂色山雀

像啄木鸟一样，
用嘴"哒哒哒"
地啄开了吃。

杂色山雀啄开
的松子壳

被杂色山雀
追赶的
沼泽山雀

杂色山雀把大山雀和
沼泽山雀都赶走了，
不让它们到食槽这里来。

杂色山雀特别喜欢吃松子。
别的食物理都不理，只是叼走了松子。

爸爸真是瞎胡闹，弄了些大家不爱吃的
肥猪肉挂在了树干上。嗯！这是怎么了？
杂色山雀、大山雀和小星头啄木鸟围着肥肉
津津有味地吃了起来。爸爸说，
小鸟们之所以爱吃肥肉，
是因为只有这样油多的食物
才能帮助它们更好地过冬。

我把松塔整个放进去，
杂色山雀用嘴使劲拉出来，
叼走了。

被小鸟吃过的肥肉

小星头啄木鸟不吃别的东西，
只有肥肉吃得津津有味。

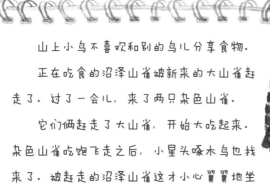

山上小鸟不喜欢和别的鸟儿分享食物。
　　正在吃食的沼泽山雀被新来的大山雀赶
走了。过了一会儿，来了两只杂色山雀。
　　它们俩赶走了大山雀，开始大吃起来。
杂色山雀吃饱飞走之后，小星头啄木鸟也找
来了。被赶走的沼泽山雀这才小心翼翼地坐
到对面。沼泽山雀察看了一下小星头啄木鸟
的眼色，不声不响地吃了起来。
　　最后，小星头啄木鸟和沼泽
山雀一团和气地吃起了肥肉。

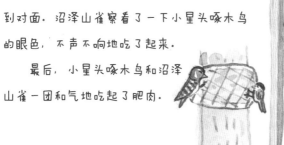

小星头啄木鸟

杂色山雀

大山雀

沼泽山雀

爱吃肥肉的小鸟

这是谁的羽毛?

上山给小鸟送食物回来的路上，
我们发现了一堆羽毛。会是谁的羽毛呢？
看花纹像是松鸦翅膀上的。

我找出鸟类图鉴，开始查找松鸦。
简直一模一样！肯定是松鸦的羽毛。

和松鸦翅膀的花纹一样.

松鸦
鸦科
"嘎—嘎儿"
地叫
身长35cm

我们来玩儿猜羽毛
游戏吧？这是谁的
羽毛？

松鸦. 对吗？

这些长得整整齐齐的羽毛
是在家门前捡到的.

松鸦羽毛

大山雀羽毛

山斑鸠羽毛

喜鹊羽毛

2004 年 2 月
14 日 光教山

56

小星头啄木鸟羽毛

有这种水纹的羽毛
是小星头啄木鸟的羽毛.

到山那边观察
水田里的小鸟时,
捡到了斑嘴鸭的羽毛.

斑嘴鸭羽毛

小白鹭(lù)羽毛
羽毛长长的, 像
线一样.

野鸡羽毛

我在后院发现了一只
死栗耳短脚鹎.
也许已经死了很久,
干巴巴的尸体上
粘着很多苍蝇.

我犹豫着要不要捡一些它
的羽毛. 因为死鸟身上散发出
一股难闻的腐臭味. 第二天,
我和爸爸把栗耳短脚鹎埋了.
又从散落的羽毛里挑了两根
干净些的. 用肥皂水洗后晾
干, 羽毛彻底变干净了.

栗耳短脚鹎羽毛

这是我在泉水边的
草里面找到的.
羽毛又大又漂亮,
一下子没认出来.
原来它是野鸡尾巴上的毛呀.

昆虫们的冬眠

慢吞吞

有只虫子正悄悄在地板上爬着。

原来是只小椿象。它是从哪儿冒出来的呢?

一定是从我昨天捡回家的蜂窝里爬出来的。

家里暖暖和和的,让它误以为春天来了,才从冬眠中醒来。

冬天到的时候,虫子都会藏在某个地方冬眠,

开始我还以为它们全都消失了呢。

那么,它们到底在什么地方冬眠呢?

这块大石头下面会有什么呢?

我掀开草地里一块被人丢弃的木板,底下垫满了落叶。

拂去落叶,先看到的是球鼠妇。拿手一碰,它就把
身体蜷成了球形。再捧出些落叶后,出现了一只蚯蚓
和一群蚂蚁。原来蚂蚁也在这种地方过冬呀。

幼虫慢慢悠悠地爬着,还有长得像蜈蚣的家伙。

哎哟!我抬起了一块大石头,下面藏着天牛呢。

看它们慢吞吞活动的样子,还都是活的。

我得赶快盖上树叶,别让它们冻着。

铁线虫幼虫长得像我爱吃的果冻.

地蜈蚣

双簇(cù)污天牛

鼠妇

环纹黑缘椿象

球鼠妇身体卷成了球形.

非常小的蚂蚁

扬科夫斯基甲虫的幼虫

蚯蚓黄色蚯蚓的身体伸出来很长很长.

这些地方也有椿象.

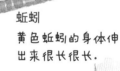

茶翅蝽

褐菱猎蝽
伸着后腿，肚子贴地趴在我家地里的窝棚上。是因为天气暖和了才出来的吗？
可是，它动不了了。

腐烂的树皮里面也有很多虫子。
苍蝇飞不了了，只能爬。
还有红褐蠼螋、蛹子和被风吹来的草籽儿。

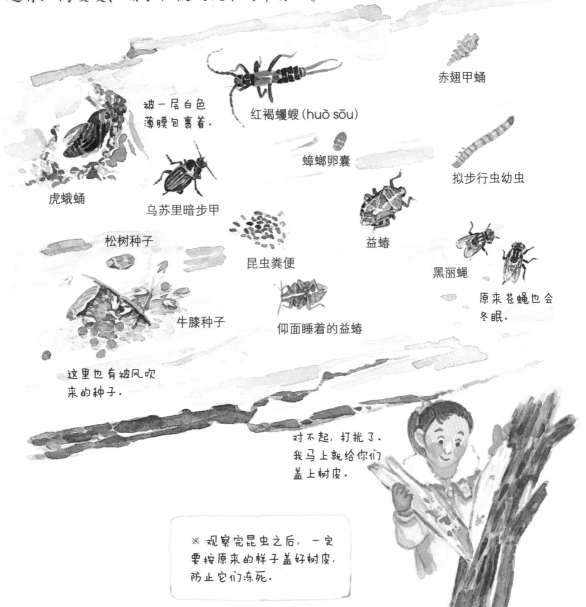

赤翅甲蛹

被一层白色薄膜包裹着。

红褐蠼螋 (huǒ sōu)

虎蛾蛹

乌苏里暗步甲

蟑螂卵囊

拟步行虫幼虫

松树种子

昆虫粪便

益蝽

牛膝种子

黑丽蝇

仰面睡着的益蝽

原来苍蝇也会冬眠。

这里也有被风吹来的种子。

对不起，打扰了。我马上就给你们盖上树皮。

※ 观察完昆虫之后，一定要按原来的样子盖好树皮，防止它们冻死。

幼虫过冬

看看它，是不是长得很漂亮？
像个淡绿色的小袋子。我捡到的时候，
它正粘着树枝掉到了山路上。
爸爸说："这是透目大蚕蛾的虫茧。
里面的蛹到了春天就会变成一只漂亮的飞蛾。"
"爸爸，虫茧是谁做的呢？是它的妈妈吗？"
"虫茧呀，是幼虫自己吐丝做成的。"
"幼虫真厉害，都能自己盖过冬的房子。"
我要把虫茧放在小瓶子里带回家。
虽然幼虫在茧里面不至于冻死，
但是难免会被登山的人踩到。
我先代为照顾，等春天到了，
我会把它放回树林的。

透目大蚕蛾茧

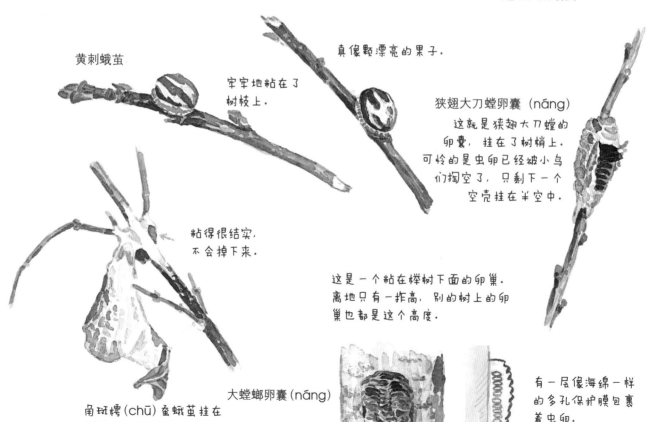

黄刺蛾茧

牢牢地粘在了
树枝上。

真像颗漂亮的果子。

狭翅大刀螳卵囊（náng）
这就是狭翅大刀螳的
卵囊，挂在了树梢上。
可怜的是虫卵已经被小鸟
们掏空了，只剩下一个
空壳挂在半空中。

粘得很结实，
不会掉下来。

这是一个粘在榉树下面的卵
巢。离地只有一拃高，别的树上的卵
巢也都是这个高度。

大螳螂卵囊（náng）

甬斑樗（chū）蚕蛾茧挂在
路边的水蜡树上。

有一层像海绵一样
的多孔保护膜包裹
着虫卵。

虫卵

有个橡子一样的东西粘在麻栎树上。

我走近看了看才发现其实是个虫瘿(yǐng)。

虫瘿是树木或者草的枝干处因为昆虫产卵引发的一种异常发育。

孵化出的幼虫靠吃虫瘿长大，长成之后就会打洞离开。

从虫瘿(yǐng)上的洞可以判断得出，
这是去年长的。
里面已经被幼虫掏空了。

麻栎树上挂着的虫
瘿像颗小橡子。

这个虫瘿圆圆的，
硬硬的，
还没有花纹，
像个真果子一样。

这根柳树枝有些奇怪。

割开能看到小孔
里面的虫卵。

结草虫
粘在树枝或树叶上
隐藏起来。
它们就以这样的
姿势过冬。

看着像果实，这个东西其实也是虫瘿。
上面的小洞是幼虫离开时挖出来的。

它也会是虫瘿吗？

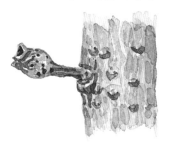

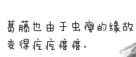

葛藤也由于虫瘿的缘故
变得疙疙瘩瘩。

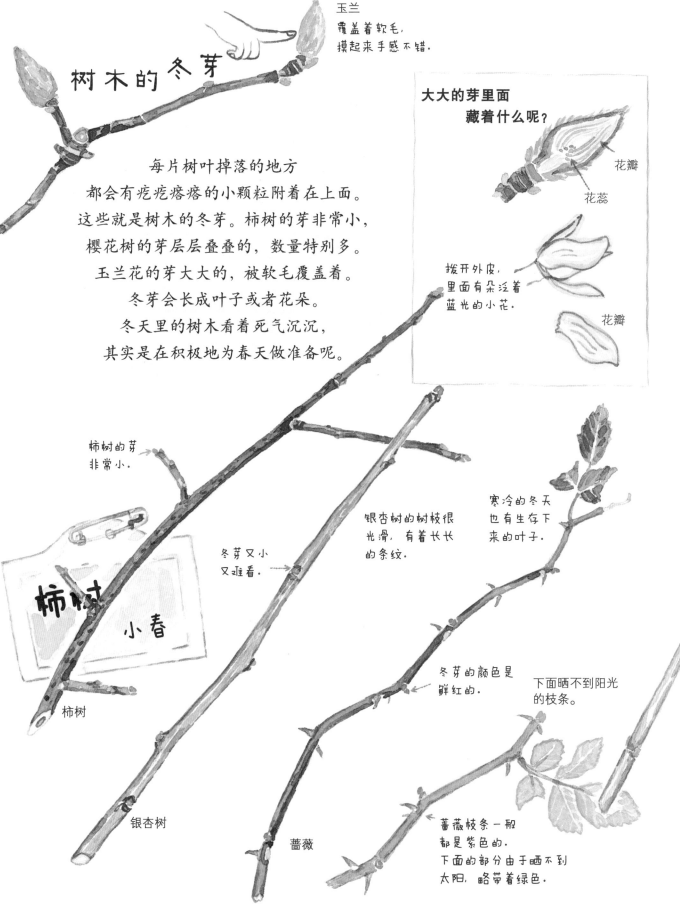

树木的冬芽

玉兰
覆盖着软毛,
摸起来手感不错.

每片树叶掉落的地方
都会有疙疙瘩瘩的小颗粒附着在上面.
这些就是树木的冬芽. 柿树的芽非常小,
樱花树的芽层层叠叠的, 数量特别多.
玉兰花的芽大大的, 被软毛覆盖着.
冬芽会长成叶子或者花朵.
冬天里的树木看着死气沉沉,
其实是在积极地为春天做准备呢.

**大大的芽里面
藏着什么呢?**

花瓣

花蕊

拨开外皮,
里面有朵泛着
蓝光的小花.

花瓣

柿树的芽
非常小.

柿树

小春

柿树

冬芽又小
又难看.

银杏树的树枝很
光滑, 有着长长
的条纹.

寒冷的冬天
也有生存下
来的叶子.

冬芽的颜色是
鲜红的.

下面晒不到阳光
的枝条.

银杏树

蔷薇

蔷薇枝条一般
都是紫色的.
下面的部分由于晒不到
太阳, 略带着绿色.

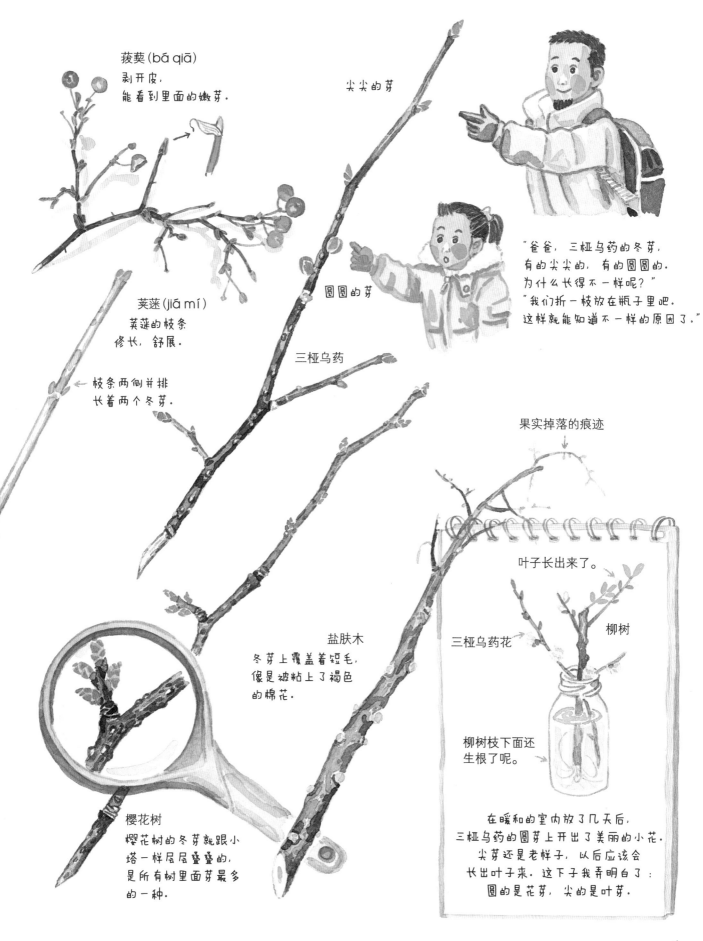

菝葜（bá qiā）
剥开皮，
能看到里面的嫩芽。

尖尖的芽

荚蒾（jiá mí）
荚蒾的枝条
修长，舒展。

圆圆的芽

← 枝条两侧并排
长着两个冬芽。

三桠乌药

"爸爸，三桠乌药的冬芽，
有的尖尖的，有的圆圆的，
为什么长得不一样呢？"
"我们折一枝放在瓶子里吧。
这样就能知道不一样的原因了。"

果实掉落的痕迹

叶子长出来了。

盐肤木
冬芽上覆盖着短毛，
像是被粘上了褐色
的棉花。

三桠乌药花

柳树

柳树枝下面还
生根了呢。

樱花树
樱花树的冬芽就跟小
塔一样层层叠叠的，
是所有树里面芽最多
的一种。

在暖和的室内放了几天后，
三桠乌药的圆芽上开出了美丽的小花。
尖芽还是老样子，以后应该会
长出叶子来。这下子我弄明白了：
圆的是花芽，尖的是叶芽。

春天

快看那边！

有只沼泽山雀倒挂在柳树上。

啊哈！它在吃新芽呢。小鸟也喜欢才长出的新芽啊。

从冬眠中醒来的黄钩蛱蝶展开翅膀，舒服地晒着太阳。

胡同里的樱花树开满了白雪一样的花。

蜜蜂们穿梭在花丛中采食蜂蜜。

爸爸忙着准备要种的种子。

我换上了轻便的春装，去看看我家周围有没有什么新变化。

肥料

肥料

动物们喧闹的春季盛会

冰冻的地面开始融化，变得湿漉漉的。后山水田里的冰也融化开了。尽管还没有长出新芽，动物们却好像提前得到了春天的消息。

突然间，山上到处都听得见它们的叫声。叫得最大声的要数水田里求偶的青蛙了。

水田后面的树林里也热闹异常。也许是害怕松树上的普通鵟(kuáng)，野鸡不时大声地"咯咯"叫着；松鸦则忙着刨开落叶寻找秋天藏好的橡子。

大山雀成群结队地飞去找草籽儿。"哒哒哒"，这是大斑啄木鸟在找树里面的虫子。就像是欢迎春天的动物们聚到一起的大联欢。

松鸦捕食青蛙记

刨开落叶找橡子的松鸦一个一个地飞到了水田里。
不一会儿，就叼着一个什么东西飞走了。飞到麻栎树上后，
用脚抓着叼来的东西大吃起来。它们到底在吃什么？
看它们全都往水田那儿赶的样子，
肯定是非常好吃的东西。
我赶紧掏出望远镜，看看那是什么美味佳肴。

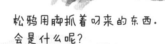

松鸦用脚抓着叼来的东西，
会是什么呢？

它叼着什么东西走了？

"啊！是青
蛙，松鸦抓
住青蛙了呀。
知道青蛙们
去水田产卵
之后，松鸦
们便紧跟着
到了那里。"

我的朋友——蝾螈 (róng yuán)

翻过后山，在人们不常去的地方有一个小荷花池。

我拿手试了试，池水冰凉冰凉的。有个东西迅速藏到了池底沉积的树叶里。我一动没动地待着，只见它重新回到水面，喘了口气，又下去了。这就是蝾螈。小小的池子里面竟然有20多只。水里还有很多卵，蝾螈害怕卵被水冲走，把它们结结实实地粘在了小石头和树枝上。我决定把这个小池子叫做"蝾螈荷花池"。

蝾螈卵整齐地粘在树枝上．

透明薄膜包裹着蝾螈卵．

蝾螈的卵

我的朋友——蝾螈
我每天都来这里看望它们．

长相可爱的蝾螈

蝾螈无法在水中呼吸，所以需要不时地浮出水面换气。

咕噜，蝾螈吐着气泡，一下子游上了水面．

嘴巴张得大大的呼吸新鲜空气．

蝾螈蝌蚪出世了。

过了几天，卵裂开了．

几天后，变成了这种奇怪的样子．

又过去了几天，开始能稍微活动了．

在水里，小蝾螈用鳃呼吸。

鳃

游泳时，像这样摇动尾巴．

有的卵最终还是没能孵出来．

青蛙交配

　　水田里还有些冰没有融化。即便如此，有些青蛙已经赶来产卵了。
像这种早春季节产卵的是山上青蛙的一种。我想看得清楚些，走到了地里面，
青蛙叫声戛然而止。也许是我的出现让它们受到了惊吓。我只能一动不动，
安静地待在原地。不过一分钟之后，青蛙们又开始呱呱叫着跳来跳去了。
这里面有的青蛙在交配。开始我还以为大的背着小的玩呢，它们其实是在交配。
奇怪的是，上面那只小的才是雄青蛙。不像我们人类，男的体形稍大一些。

青蛙的卵
黑色的卵被包在黑黑
软软的、像果冻一样
的东西里面。

青蛙

呱呱呱呱……
叫声很小（动物
的叫声很难用语
言形容）。两只雄
青蛙为争夺配偶
打了起来。

青蛙的蝌蚪

癞蛤蟆的卵
卵被产在 1 米多长的
管子里。它们缠在一
起，不会被水冲走。

癞蛤蟆慢吞吞地拨开草丛，顺着山谷爬下来。

癞蛤蟆的蝌蚪
肚子鼓鼓的。

两只癞蛤蟆顺着小山谷慢慢爬了下来。
它们走得还真是慢。以这个速度什么时候能赶到产卵目的地呀？
10 分钟过去了，这两只癞蛤蟆只爬出去 10 米。
几天之后，我见到了让人惊讶的一幕。
蝾螈荷花池附近的水沟里出现了好多好多癞蛤蟆卵。
简直太壮观了。远远多于那些青蛙产的卵。

刚刚孵化出的小癞蛤蟆紧紧附着
在水草上。

几天后，它们就能自由自在地在
水里游了。

再过几天，它们开始成群结队地
活动。

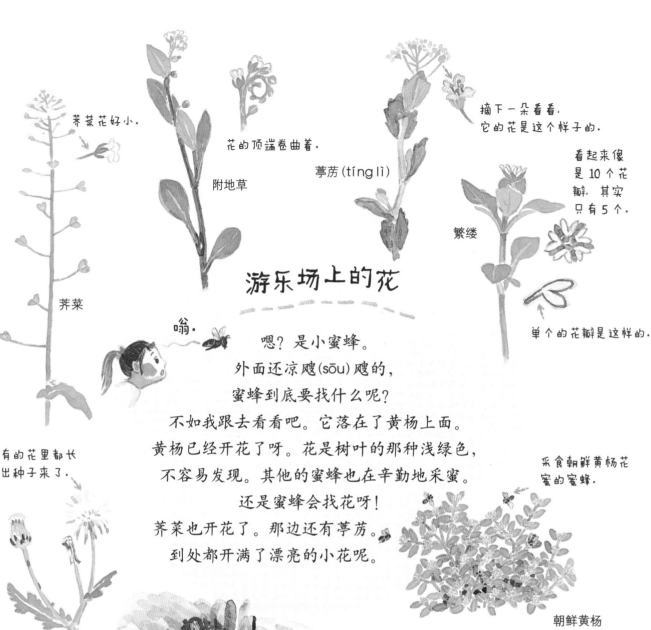

荠菜花好小.

花的顶端卷曲着.

附地草

葶苈 (tíng lì)

摘下一朵看看,
它的花是这个样子的.

看起来像
是 10 个花
瓣, 其实
只有 5 个.

繁缕

荠菜

单个的花瓣是这样的.

游乐场上的花

嗡.

嗯? 是小蜜蜂.
外面还凉飕(sōu)飕的,
蜜蜂到底要找什么呢?
不如我跟去看看吧. 它落在了黄杨上面.
黄杨已经开花了呀. 花是树叶的那种浅绿色,
不容易发现. 其他的蜜蜂也在辛勤地采蜜.
还是蜜蜂会找花呀!
荠菜也开花了. 那边还有葶苈.
到处都开满了漂亮的小花呢.

有的花里都长
出种子来了.

采食朝鲜黄杨花
蜜的蜜蜂.

欧洲千里光

朝鲜黄杨

外面的花已经开了, 里面的还没有.
看起来像花瓣的, 其实是朵独立的
花. 这是很多小花聚成的一大朵.

西洋蒲公英

蒲公英

蒲公英

西洋蒲公英的总苞 (包裹花朵底端的部分) 是
外翻的, 而蒲公英的总苞则向上伸展着. 我家
附近的大部分是西洋蒲公英. 偶尔也能在老墙
下面或者地头上见到蒲公英.

东北堇菜叶子的特征就是叶片一直长到叶柄那里。

东北堇菜
经常能见到的花。

南山堇菜
花儿从叶柄中探出脑袋来，人们很难发现它。可是香味很浓，我就是跟着味道找过来的。

用堇菜花做的戒指

蜜蜂钻的窟窿

长萼(è)堇(jǐn)菜
花上有个窟窿。蝴蝶的嘴长，能够喝到花朵深处的花蜜，蜜蜂那样的短嘴昆虫就很困难，所以就在花上钻个窟窿进去喝花蜜。

后山上的花

嗯？这是什么味道？

和妈妈化妆品的味儿一样。

这可是山上呀。从哪里传出来的呢？

啊！原来是它的香味儿。

这就是南山堇菜。

后山上也是从早春开始就有花开了。

不同种堇菜的花长得都差不多，

只有叶子部分稍有不同。

所以，名字就各式各样了。

洛雪堇菜
叶子长得像凉帽。

花瓣像豆荚一样拧着。

堇菜

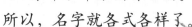

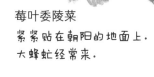

大蜂虻

莓叶委陵菜
紧紧贴在朝阳的地面上。大蜂虻经常来。

齿瓣延胡索
这是我在背阴的溪涧里找到的，很喜欢这种花。

树木的新芽

　　一场春雨过后，酸苹果树上冒出了嫩绿的新芽。细小的叶子簇拥着伸出小脑袋。游乐场里的柿树和旁边的朝鲜丁香也长出了小叶子。过了几天，后山的树上开始争先恐后地抽芽。好像是因为后山那边更冷一些吧。看它们你争我抢的样子，看来树木对春天已经期盼好久了。

柿树
树枝变成了红褐色，比冬天看着青翠多了。

花骨朵 →
← 叶子

有人弄断了新芽。

玉兰花一凋谢，新芽开始迫不及待地冒出来。

丁香的叶子和花骨朵一起长出来了。因为都是草绿色，差点儿没能分辨出来。

← 花瓣掉落后，长出了小小的果实。

这就是葎草的芽。一开始，我没有认出来。因为它跟叶子长得不一样。

这个地方裂开了，长出了一片叶子。→

葎草的新芽

葎草的叶子

三桠乌药
树叶的样子就像花蕾开放一样。是我最喜欢的一种新芽。

蔷薇
像是等了太久，嫩绿的新芽一股脑儿地长满了红色的树枝。剥了皮的蔷薇笋是可以吃的。有股淡淡的甜味，嚼起来咔嚓咔嚓的。

不是所有树的新芽都是草绿色的。
有的像枫叶那么红，有的是闪亮的银色，
还有的耷(dā)拉着叶子。各种各样、形态各异，
真有意思。

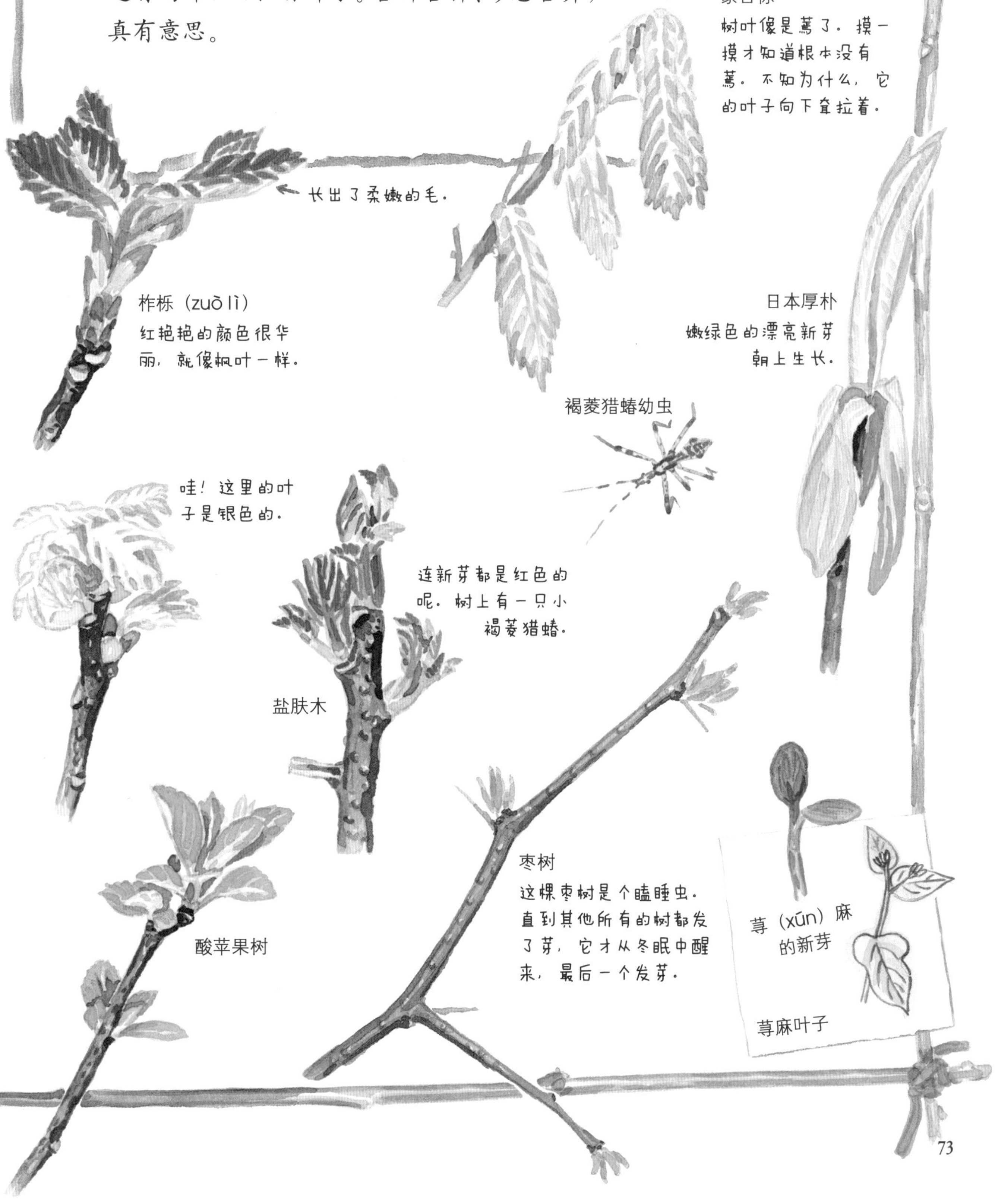

蒙古栎
树叶像是蔫了。摸一
摸才知道根本没有
蔫。不知为什么，它
的叶子向下耷拉着。

← 长出了柔嫩的毛。

柞栎 (zuò lì)
红艳艳的颜色很华
丽，就像枫叶一样。

日本厚朴
嫩绿色的漂亮新芽
朝上生长。

褐菱猎蝽幼虫

哇！这里的叶
子是银色的。

连新芽都是红色的
呢。树上有一只小
褐菱猎蝽。

盐肤木

枣树
这棵枣树是个瞌睡虫。
直到其他所有的树都发
了芽，它才从冬眠中醒
来，最后一个发芽。

荨 (xún) 麻
的新芽

酸苹果树

荨麻叶子

宅旁地播种

今天是我和爸爸去播种的日子。

几天前他就施了肥，还翻了地。

因为施了肥，地里有股难闻的气味。

尽管气味让人受不了，可听说肥料能让农作物茁壮成长，

我硬是忍住了。白菜籽特别小，掉在地上就找不到了。

令人称奇的是，这么小的种子竟能

长出大大的白菜。

我爱吃的白菜要赶快长大呀。

当然，当然，
小春真棒！

爸爸，这么撒
种子可以吗？

种土豆的方法

土豆

刀子很危险，一定
要小心。

土豆的芽

以芽为中心，把土豆切
成几块，分别种下去。

我们种下的种子

白菜

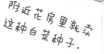

附近花房里就卖
这种白菜种子。

萝卜

白菜

紫苏

生菜

种子很轻，
会被风吹走，
所以要小心撒。

蝼蛄（lóu gū）
爸爸在地里翻土
时发现的。

地里的幼虫
有点儿脏。

瓜棚上的鸟粪

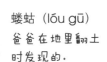

毛土甲

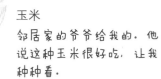

玉米

邻居家的爷爷给我的。他说这种玉米很好吃，让我种种看。

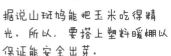

← 玉米

据说山斑鸠能把玉米吃得精光。所以，要搭上塑料暖棚以保证能安全出芽。

草莓

这是去年种下的，冬天也没被冻死。个头比去年大了两倍。我把它们一棵棵地分开移栽了。

西红柿、辣椒和黄瓜之类的蔬菜不容易发芽。我们就从花房买了现成的秧苗种了下去。

我把带来当零食的小西红柿也种到了地里。只是不知道它能不能发芽。

草莓的根穿透了手套。

西红柿　　辣椒　　黄瓜

大约两周过后，白菜最先发芽了。我种的小西红柿最终成活。其他的全都生出了绿色的嫩芽，长势良好。

白菜芽

长大一些的白菜

好吃的春野菜

　　田埂(gěng)上有两位阿姨正在仔细地找着什么。找什么呢？
原来她们在采车前。"阿姨，您采车前有什么用吗？"
"呵呵！车前采回家去用盐水略焯一下，再炒一炒，很好吃的。
提起春野菜，人们一般会想到荠菜和艾草。
其他的也是可以吃的。"啊哈！原来如此。
我现在才知道春野菜有这么多种。
我也要采些给妈妈捎回去。

车前
这就是那两位阿姨刚才挖
的野菜。长得太结实，不
太好拔。

艾草
艾草味道清爽，
适合做汤。

葶苈长得绿油油的，像花蕾一样，很
好看。叶子上长着毫毛，摸起来很柔软。
葶苈喜好阳光，大多数生长在山路旁
向阳的地方。我摘下一片叶子尝了尝，
有股淡淡的香味。

葶苈 (tíng lì)

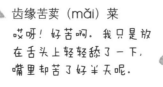

齿缘苦荬 (mǎi) 菜
哎呀！好苦啊。我只是放
在舌头上轻轻舔了一下，
嘴里却苦了好半天呢。

卷耳味道有些发涩。

这里有白色的毛。

荠菜根特别长。

黄鹤菜
这里也有荠菜。嗯？怎么没有
香味呢？啊，它是棵黄鹤菜。
两种菜长得太像，我差点儿上
当了。

蒲公英
味道有点儿苦。

荠菜
这棵就是荠菜了。我很喜欢它
的味道。也许是大家都在挖的
缘故，我好不容易才在小溪边
上找到一棵。

皱叶酸模
我尝了一口，味道酸酸的。

垂盆草
垂盆草生长在岩石缝隙
间，叶片水分很足，很
柔软。

弯曲碎米荠
这种也是荠菜，叫做弯
曲碎米荠。和荠菜相比，
颜色更为鲜绿，但是没
有香味。

莓叶委陵菜
它的新芽也能
做成凉拌菜。

月见草
漂亮吧？里面的嫩芽可以做
成凉拌菜吃。

不能吃的新芽

白屈菜

因为有毒，
不能直接吃。

折断后会有黄水流出。
像是小孩儿拉的稀便。

什么东西？

凤蝶！凤蝶出来了！

扑扑棱棱

书桌上有个东西在扑扑棱棱的。

我看了一眼。这一看不要紧，着实大吃一惊。

玻璃瓶子里有只大大的蝴蝶张开了美丽的翅膀。

就是它——去年秋天我带回家养着的凤蝶幼虫。

凤蝶的蛹子整整一冬天都在苦苦等待。

终于等到春天来了，它也化成了一只漂亮的蝴蝶。欢迎你，凤蝶！我端详了又端详，就在这时，凤蝶大大的眼睛和我对上了。

它一边呼扇着翅膀，一边直视着我。

真像是期盼着什么。

我知道它想要的是什么。

尽管心里恋恋不舍，

可现在是和凤蝶说再见的时候了。

我的凤蝶也要采食花蜜，

也要飞到山花椒树上产卵繁殖。

凤蝶左下方的翅膀还没能完全展开。但是，它已经在迫不及待地呼扇翅膀了。

从蛹里孵出的凤蝶

把凤蝶放在手腕上，我打开了窗户。凤蝶不知所措地好一会儿没有动弹。我的胳膊一伸出窗外，它上下扇动了几下翅膀，就翩翩飞走了。再见了，我的凤蝶！

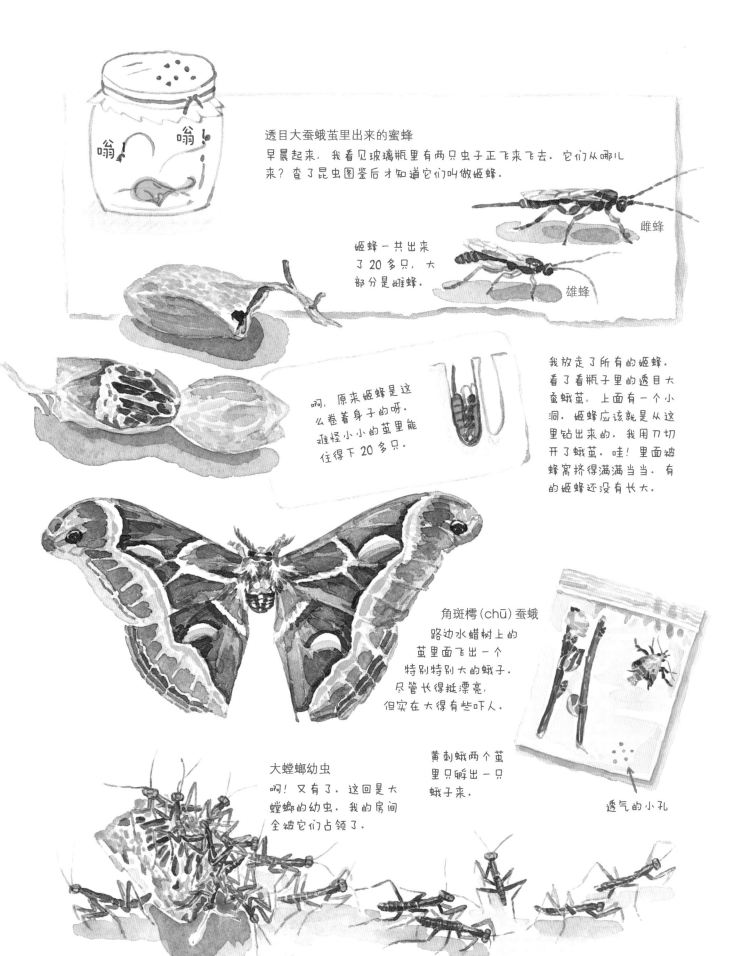

透目大蚕蛾茧里出来的蜜蜂

早晨起来，我看见玻璃瓶里有两只虫子正飞来飞去。它们从哪儿来？查了昆虫图鉴后才知道它们叫做姬蜂。

嗡！嗡！

雌蜂

姬蜂一共出来了20多只，大部分是雌蜂。

雄蜂

啊，原来姬蜂是这么卷着身子的呀。难怪小小的茧里能住得下20多只。

我放走了所有的姬蜂。看了看瓶子里的透目大蚕蛾茧，上面有一个小洞。姬蜂应该就是从这里钻出来的。我用刀切开了蛾茧。哇！里面被蜂窝挤得满满当当。有的姬蜂还没有长大。

角斑樗(chū)蚕蛾

路边水蜡树上的茧里面飞出一个特别特别大的蛾子。尽管长得挺漂亮，但实在大得有些吓人。

黄刺蛾两个茧里只孵出一只蛾子来。

透气的小孔

大螳螂幼虫

啊！又有了。这回是大螳螂的幼虫。我的房间全被它们占领了。

长着美丽花纹的昆虫

我正朝地里走着，
看到路中间有只虫子。于是稍微走近了些，
它却嗖地飞到了 10 步远的地方。
又走近些，它又飞出那么远去。靠近，飞走，
再靠近，又飞走。这个家伙，飞也不飞远点儿，
在那儿逗我玩儿呢。"哈哈！它的名字叫虎甲。
因为它总是在前面走，像在领路，
又叫导路虫。"尽管虎甲把我耍了，
但并不妨碍我喜欢它的花纹。

虎甲身上的花纹斑驳陆
离，腿很修长，非常有
魅力。

拟蚁态郭公虫

赤杨伞花天牛正坐
在葎草叶子上。

赤翅甲

芽斑虎甲
我一靠近，它就嗖的一声飞
出去，长长的腿轻巧地落在
地面上。我还以为是个玩具
机器人呢。

毛角多节天牛
这只停在艾草叶上的毛
角多节天牛触角很漂
亮，长度甚至长过身体。

肿腿花天牛
它喜欢蔷薇花。虎甲长得好
看，肿腿花天牛也毫不逊色。

栎蓝天牛

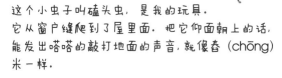

这个小虫子叫磕头虫，是我的玩具。
它从窗户缝爬到了屋里面。把它仰面朝上的话，
能发出嗒嗒的敲打地面的声音，就像舂 (chōng)
米一样。

翻过来之后，它能弓起腰
来，跳回正面朝上。

嗒！

角梳瓜口头虫

深红色扣甲，
我在地里见过。

七星瓢虫

瓢虫分泌的
黄色液体.

瓢虫!
一个黑点儿、两个黑点儿、三个黑点儿……
一共有七个。那就应该是七星瓢虫喽。
我把虫子放在手上，仔细端详。
谁知它稍稍动了动，往我手上喷了一些
黄色液体后，啪地掉到地上。怎么出血了呢?
我以为自己伤到了七星瓢虫。可爸爸却说，
那不是血，而是七星瓢虫遇到敌害时分泌出
的难闻液体。刚才掉到地上装死的家伙
已经若无其事地飞走了。我上当了。

瓢虫

躺在地上装死
的瓢虫.

十六斑黄菌瓢虫

瓢虫

六斑异瓢虫

瓢虫蛹

瓢虫

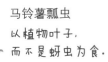

马铃薯瓢虫
以植物叶子，
而不是蚜虫为食.

瓢虫

龟纹瓢虫

七星瓢虫

瓢虫

七星瓢虫

瓢虫卵产在草叶上.

六斑异瓢虫幼虫
以蚜虫为食，
长得有些吓人.

柳二十八斑叶甲
像瓢虫，但不是瓢虫.

六斑异瓢虫

梨金花虫

梨金花虫

柳二十八斑叶甲蛹
碰一碰就会前后晃动.

粘满柳树的
柳二十八斑叶甲

杨叶甲

二纹柱萤叶甲

叶甲们的食物来源是叶
片，而不是蚜虫.

赤杨叶甲

黑额光叶甲

81

我家周围是个大花园

游乐场上粗粗的樱树开花了。雪白的花朵包裹着这棵大树。
墙里边面黄色的迎春花也伸向了路边。
房前的玉兰上挂满了烛火一样硕大的花蕾。
一时间花开得太多了，蜜蜂们忙得不知所措。
一只采樱花蜜的蜜蜂脚下一滑，竟然掉到了地上。
是不是采了太多的蜂蜜，沉得带不动了？
挣扎了一会儿，这只蜜蜂又嗡的一声
飞起来采蜜去了。我家周围简直像是在开
百花斗艳大会，每条巷子都变成了大花圈。

白雪一样飘舞的
樱花瓣。

杏花
花梗短。

樱花
花梗长。

采蜜中途跌落地上
的蜜蜂

山毛桃
花的颜色和
桃子一样漂亮。

杏花
杏花和樱花很相似，
很难一眼就区分开来。

山毛桃花蕊的颜色在不断变化。

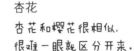

花开初期
是褐色。

完全盛开时
是黄色。

花谢后变成
黑色。

紫玉兰
花蕾比盛开时的
花要好看。

木瓜花
和难看的木瓜相比，
它的花就白皙俊美多了。

三桠乌药花
早春季节的山上最先能看到
的就是三桠乌药花了。山茱
萸花和它非常相似。

榛子花
榛子树是春天开花最早的树。它的
花又小又不鲜艳，并不是很显眼。

雌花

雄花

酸苹果树花
有股淡淡的清香味。
叶子上粘着蚜虫。

沙梨花
哇！味道
好腥啊。

花瓣向后卷着。

单瓣李叶绣线菊花
花开得又小又密。花香太浓，人靠近了会感
觉到头疼。而且，并不是我想象的，只要花
香味大就会引来更多的昆虫。

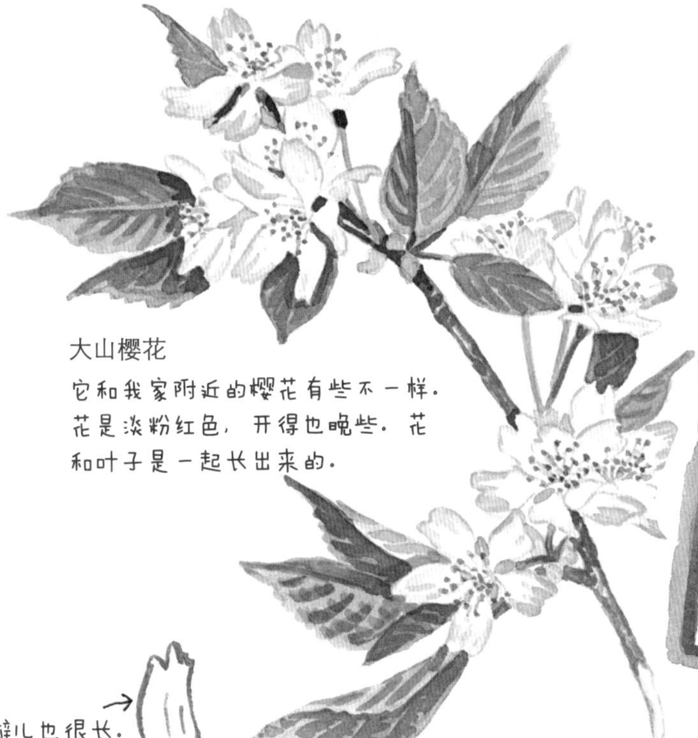

大山樱花
它和我家附近的樱花有些不一样。
花是淡粉红色，开得也晚些。花
和叶子是一起长出来的。

花瓣儿也很长。

我和爸爸在樱树下拍照留念。

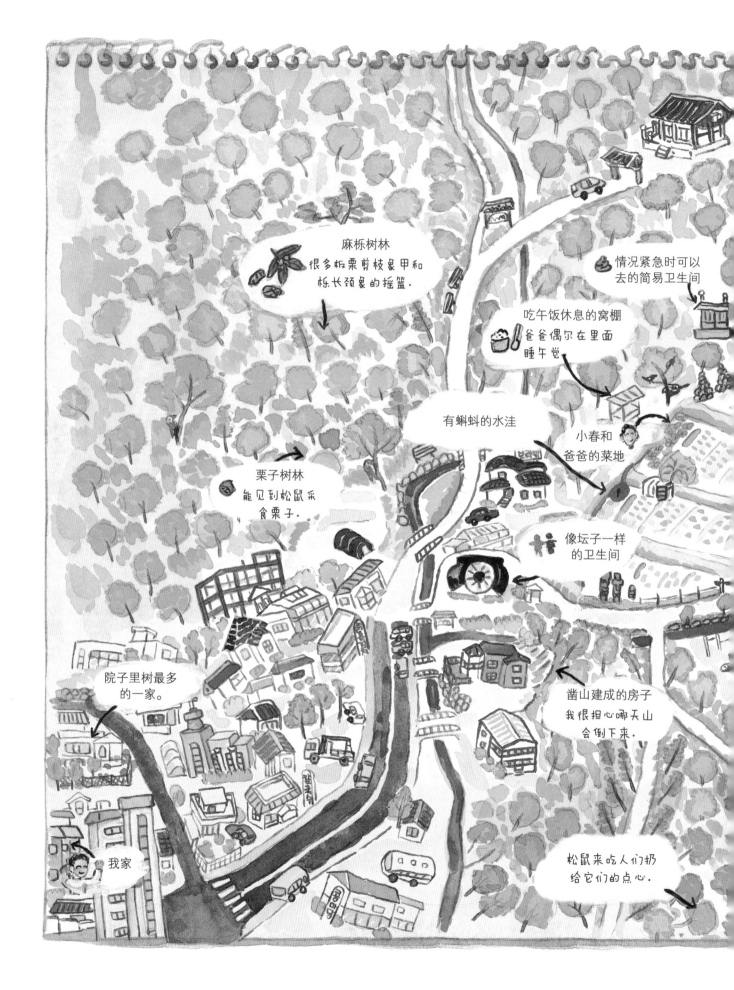

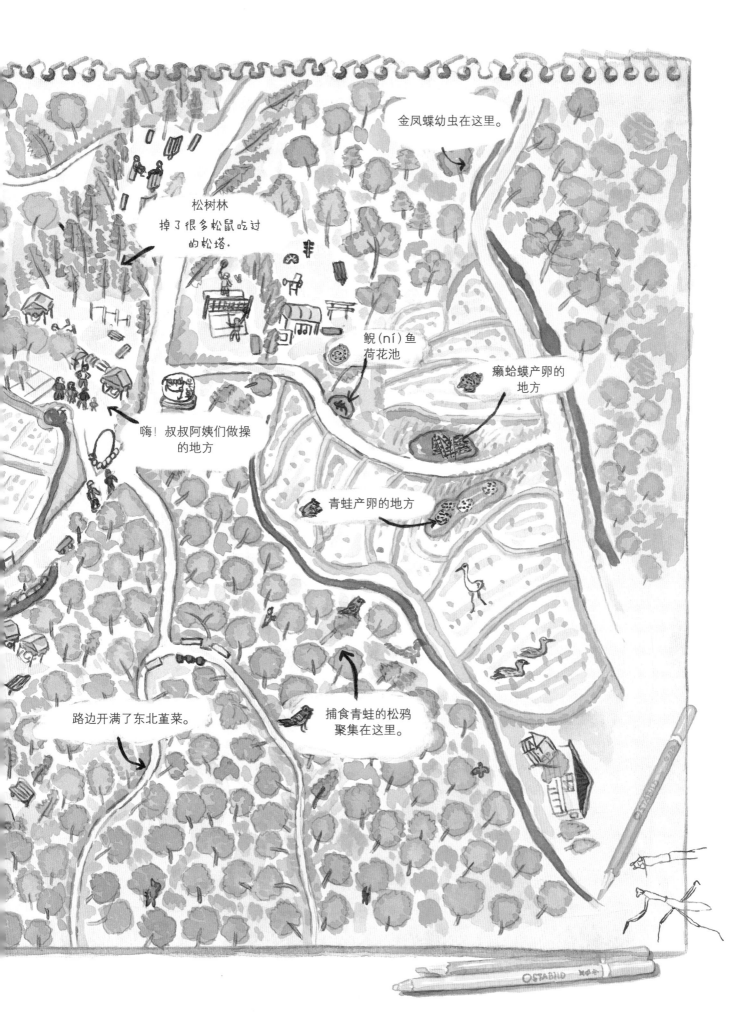

索 引